110kV及以下变电站电气工程施工

常见缺陷与防治图册

辽宁电力建设监理有限公司　编

内 容 提 要

为进一步提升配电网工程建设质量和工艺水平，辽宁电力建设监理有限公司总结110kV及以下输、变、配电工程建设质量管理经验，组织编制了本套图册。本套图册图文并茂，内容翔实，直观再现当前110kV及以下输、变、配电工程具有代表性的常见缺陷。

本书是《110kV及以下变电站电气工程施工常见缺陷与防治图册》分册，归纳总结了110kV变电站电气工程施工中存在的常见缺陷问题并给出了防治措施，列出了施工标准化的参考依据。全书共分10章，主要包括主变压器系统设备安装、主控及直流设备安装、配电装置安装、封闭式组合电器安装、站用配电装置安装、电抗器安装、全站电缆施工、全站防雷接地装置安装、全站照明电气装置安装和通信系统设备安装。

本书图文并茂，易学易懂，对110kV变电站电气工程施工质量和工艺水平有一定的指导作用。

本书可供变电工程施工建设人员、监理人员及相关管理人员阅读使用，同时也可作为电力企业对电网运维检修人员进行标准、规范、规程培训学习的参考教材。

图书在版编目（CIP）数据

110kV及以下变电站电气工程施工常见缺陷与防治图册 / 辽宁电力建设监理有限公司编. — 北京：中国电力出版社，2016.10（2022. 3 重印）

ISBN 978-7-5123-9751-4

Ⅰ. ①1… Ⅱ. ①辽… Ⅲ. ①变电所 – 电气设备 – 设备安装 – 缺陷 – 防治 – 图集 Ⅳ. ①TM63 – 64

中国版本图书馆CIP数据核字（2016）第213269号

中国电力出版社出版、发行

（北京市东城区北京站西街19号 100005 http://www.cepp.sgcc.com.cn）

北京九天鸿程印刷有限责任公司印刷

各地新华书店经售

*

2016年10月第一版 2022年 3 月北京第三次印刷

710毫米 × 980毫米 16开本 6.25印张 68千字

印数3001—3500册 定价 **39.00** 元

编审委员会

序

国家电网公司在三届一次职代会暨2016年工作会议上对推动构建全球能源互联网进行了重点论述，报告中指出，中国能源互联网是全球能源互联网的重要组成部分，要加快建设中国能源互联网，建设坚强智能电网，着力解决特高压电网和配电网“两头薄弱”的问题，实现各级电网协调发展。报告还要求，全面提高安全和质量水平，深入分析大电网运行机理，进一步强化“三道防线”；深化资产全寿命周期管理，强化设计、设备、施工、调试、运行全过程管控，确保设备大批量制造、工程大规模建设优质高效。

为落实国家电网公司要求，进一步提升配电网工程建设质量和工艺水平，辽宁电力建设监理有限公司（简称公司）认真总结110kV及以下输、变、配电工程建设质量管理经验，组织编制了《110kV及以下变电站电气工程施工常见缺陷与防治图册》《110kV及以下变电站土建工程施工常见缺陷与防治图册》《10kV及以下配电工程施工常见缺陷与防治图册》《35~110kV输电线路工程施工常见缺陷与防治图册》。本套图册全部采用实物照片，立意新颖，通俗易懂，直观再现当前110kV及以下输、变、配电工程具有代表性的常见缺陷。针对每个缺陷，解析有关法律、法规和技术标准对输、变、配电工程建设的要求。本套图册是公司低压工程建设质量验收管理的结晶，凝结了公司各级领导和广大质量管理人员的心血和汗水，相信本套图册的出版，将对公司110kV及以下输、变、配电工程质量和工艺水平的持续提升发挥积极作用。

质量是根本，工艺是质量形成的方法和过程，是质量的保障手段，有精湛的工艺，才可能有优良的质量。追求优良的内在质量和精湛的外表工艺的和谐统一，是工程建设质量管理永恒的主题。我们必须继续坚持“百年大计、质量第一”的方针，加强质量管理过程控制，大力治理质量通病，不断提高质量水平，使建设投产的每座变电站、每条输电线路都做到质量优良、工艺精湛、技术领先、功能可靠。

站在“十三五”的新起点上，让我们持续深化推进“两个转变”，加快建成“一强三优”现代公司，以定力凝聚心神、开启智慧，以创新顺应大势、共建共享，进而实现攻坚赶超、变革突破，为建设坚强智能电网奠定坚实基础。

沈力

2016 年 6 月

前言

为了更好地帮助建设者、管理者和施工者进一步落实电网建设的各项要求，强化各项标准、规范、规程的执行，确保电网建设和改造工程全部达到优质工程的要求，辽宁电力建设监理有限公司通过近几年电网建设和改造工程监理工作的实践，组织有关专家深入现场，实地调查，分析研究，归纳总结了 110kV 变电站电气工程施工中存在的普遍性问题，编写了这本《110kV 及以下变电站电气工程施工常见缺陷与防治图册》作为近几年电力工程监理的培训教材之一。本书按照变电工程的项目划分，分为主变压器系统设备安装、主控及直流设备安装、配电装置安装、封闭式组合电器安装、站用配电装置安装、无功补偿装置安装、全站电缆施工、全站防雷接地装置安装、全站照明电器装置安装、通信系统设备安装共 10 章，精选了 110kV 变电站电气工程施工中具有代表性的质量通病，展示了问题的现象，分析了问题产生的原因，有针对性地列举了国家和行业的标准、规范、规程，以及标准化施工要求作为参考，提出具体的防治措施。本书图文并茂，内容翔实，既可用于电网建设工程中指导监理单位、施工单位把好施工质量关，实现工程的零缺陷移交，也可作为电力企业对电网运行维护检修人员进行标准、规范、规程培训的参考教材，期望对工程施工能够起到一定的指导作用，进一步促进电网建设和改造工程的标准化和规范化，促进电网建设水平的不断提高。

在本书编写过程中，得到了国网辽宁省电力有限公司建设部、营销部（农电工作部）、科技信通部、区域监理项目部等有关单位和人员的大力支持和帮助，在此一并表示衷心的感谢！

由于作者水平能力所限，偏差、疏漏之处在所难免，望广大读者给予批评指正，并恳请相关专业人员给予补充提高，以便进一步修订。

编　者

2016 年 6 月

目 录

第1章

主变压器系统设备安装

1.1 主变压器安装

1.1.1 主变压器本体安装基础中心位移

缺陷分析 主变压器底座与基础预埋件偏心。

图 1-1-1a

图 1-1-1b

参考标准《国家电网公司输变电工程标准工艺（三）工艺标准库（2012年版）》（0102010101）工艺标准要求：（1）基础（预埋件）中心位移≤5mm，水平度误差≤2mm。

防治措施 基础施工时应核对预埋件位置尺寸与主变压器设备底座尺寸是否相符。

1.1.2 主变压器附件安装

1.1.2.1 散热器安装

缺陷分析 主变压器散热器支架安装与预埋件之间出现偏心问题。

参考标准《国家电网公司输变电工程标准工艺（三）工艺标准库（2012年版）》（0102010101）工艺标准要求：（1）基础（预埋件）中心位移≤5mm，水平度误差≤2mm。

防治措施 基础施工前要核对测量预埋件位置尺寸。

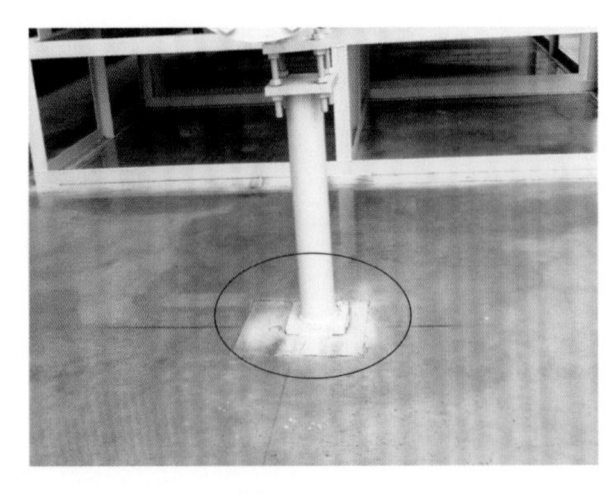

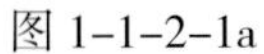

图 1-1-2-1a

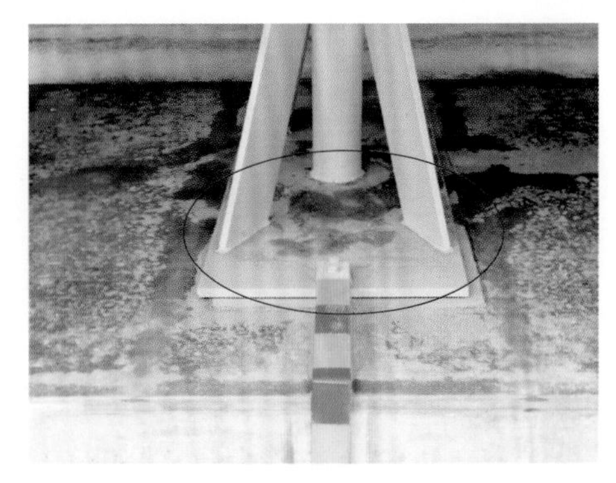

图 1-1-2-1b

1.1.2.2　散热器支架安装

缺陷分析 散热器支柱底座不平整。

参考标准《国家电网公司输变电工程质量通病防治工作要求及技术措施》第三十九条　电气一次设备安装质量通病防治的设计措施：7. 在技术协议中，应明确随设备成套供货的支架加工误差标准，防止现场安装增加垫片。

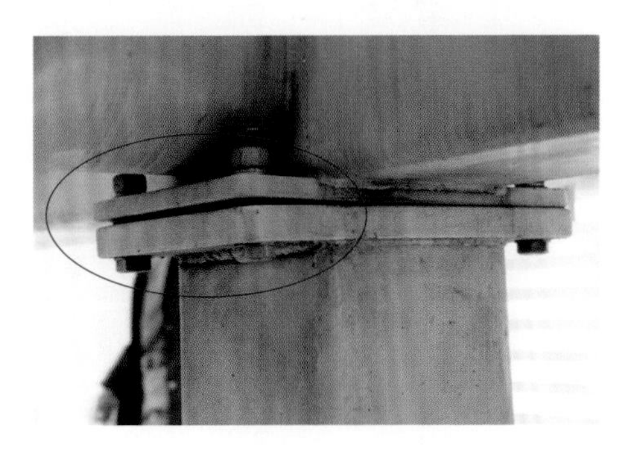

图 1-1-2-2

防治措施 设计联络会时，明确随设备成套供货的支架加工误差标准。

1.1.2.3　散热器穿芯螺栓安装

缺陷分析 穿芯螺栓两端露扣不一致，露出长度过长。

参考标准《国家电网公司输变电工程标准工艺（三）工艺标准库（2012年版）》（0102010101）工艺标准要求：（3）安装穿芯螺栓应保证两侧螺栓露出长度一致。

防治措施 安装穿芯螺栓时要检查螺栓规格，调整好螺栓位置，保证两侧螺栓露出长度一致。

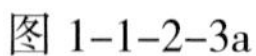

图 1-1-2-3a

图 1-1-2-3b

图 1-1-2-3c

图 1-1-2-3d

1.1.3 主变压器接地引线安装

1.1.3.1 主变压器本体接地

缺陷分析 主变压器本体未直接接地，通过基础预埋件接地。主变压器未接地或采用焊接接地。

图 1-1-3-1a

图 1-1-3-1b

图 1-1-3-1c

图 1-1-3-1d

参考标准 《国家电网公司输变电工程标准工艺（三）工艺标准库（2012年版）》（0102010102）工艺标准要求：（2）接地引线与设备本体采用螺栓搭接，搭接面紧密。（3）接地体连接可靠，工艺美观。（4）本体及中性点均需两点接地，分别与主接地网的不同干线相连。

GB 50148—2010《电气装置安装工程电力变压器、电抗器、互感器施工及验收规范》4.12.1中规定变压器本体应两点接地。中心点接地引出后，应有两根接地引线与主接地网的不同干线连接，其规格应满足设计要求。

防治措施 制作后的接地引线与主变压器专设接地件进行螺栓连接并紧固。接地引线与（主接地网）在自然状态下搭接焊，锌层破损及焊接位置两侧100mm范围内应防腐。

1.1.3.2　主变压器本体与铁芯或夹件接地

缺陷分析 主变压器有载调压机构箱接地与铁芯或夹件接地串联。

参考标准 《国家电网公司输变电工程标准工艺（三）工艺标准库（2012年版）》（0102010101）工艺标准要求：（5）本体两侧与接地网两处可靠连接。

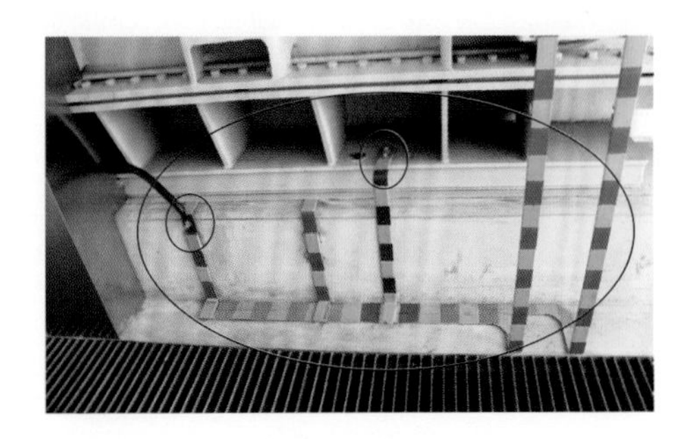

图 1-1-3-2a

防治措施 施工前，监理审查施工作业指导书时着重审查主变压器本体接地施工要点和工艺要求，应在本体两侧与接地网两处可靠连接，并在施工时督促落实。

图 1-1-3-2b

缺陷分析 主变压器铁芯与夹件与主变压器外壳串联接地，除锈防腐未做。

参考标准《国家电网公司输变电工程标准工艺（三）工艺标准库（2012年版）》（0102010101）工艺标准要求：（5）本体两侧与接地网两处可靠连接。

防治措施 施工前，监理审查施工作业指导书时着重审查主变压器本体接地施工要点和工艺要求，应在本体两侧与接地网两处可靠连接，并在施工时督促落实。

图 1-1-3-2c

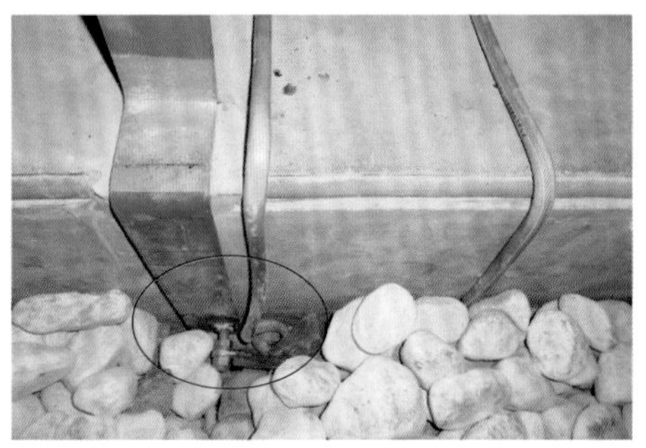

图 1-1-3-2d

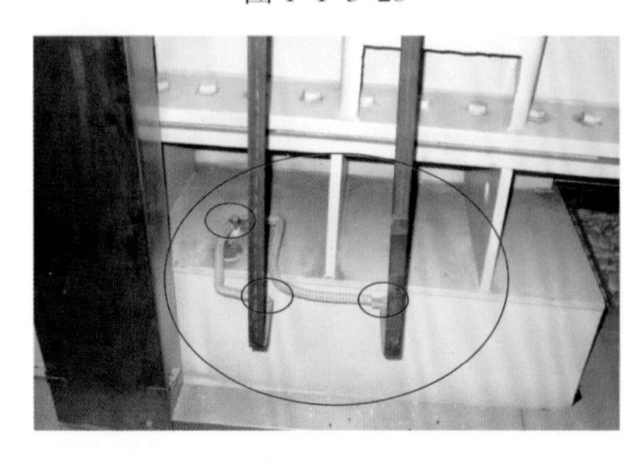

图 1-1-3-2e

缺陷分析 主变压器铁芯、夹件接地不符合规程要求，未单独引入接地网，和主变压器外壳接到了一起，接线线鼻子未进行搪锡。

参考标准《国家电网公司输变电工程标准工艺（三）工艺标准库（2012年版）》（0102010102）工艺标准要求：（6）110kV及以上变压器的中性点、夹件接地引下线与本体可靠绝缘。

防治措施 按工艺标准要求在施工作业指导书写清主变压器铁芯、夹件接地施工标准，并落实。

1.1.4 主变压器吸湿器安装

1.1.4.1 吸湿器内硅胶未干燥或已失效

缺陷分析 吸湿器内硅胶未干燥已失效。

图 1-1-4-1a

图 1-1-4-1b

参考标准 GB 50148—2010《电气装置安装工程电力变压器、电抗器、互感器施工及验收规范》4.8.11中规定：吸湿器与储油柜间连接管的密封应严密，吸湿剂应干燥，油封油位应在油面线上。

防治措施 在检查验收中检查吸湿器内硅胶是否干燥，变压器吸湿器与储油柜间的连接管的连接是否严密。

1.1.4.2 吸湿器内油位未达到油位线

图 1-1-4-2

缺陷分析 主变压器吸湿器油位未达到油位线。

参考标准 GB 50148—2010《电气装置安装工程电力变压器、电抗器、互感器施工及验收规范》4.8.11中规定：吸湿器与储油柜间连接管的密封应严密，吸湿剂应干燥，油封油位应在油面线上。

防治措施 施工前，按规范规定要求油封油位补充至油面线上。

1.1.4.3 吸湿器内进水

图 1-1-4-3

缺陷分析 吸湿器油杯内为水，已冻冰，冻冰后使变压器无法呼吸。

参考标准 变压器吸湿器安装设备厂家技术文件。

防治措施 按规定要求在吸湿器油杯内注入变压器油。

1.1.5 主变压器气体继电器安装

缺陷分析 变压器气体继电器未加防雨罩、观察窗未开启。

图 1-1-5a

图 1-1-5b

参考标准 GB 50148—2010《电气装置安装工程电力变压器、电抗器、互感器施工及验收规范》4.8.9中规定：3. 集气盒内应充满绝缘油，且密封严密。4. 气体继电器应具备防潮和防进水的功能并加装防雨罩。6. 观察窗的挡板应处于打开位置。

防治措施 在签订技术协议时，明确要求使用金属防雨罩。在施工后验收前观察窗的挡板应处于开启状态。

1.1.6　主变压器温度表软管安装

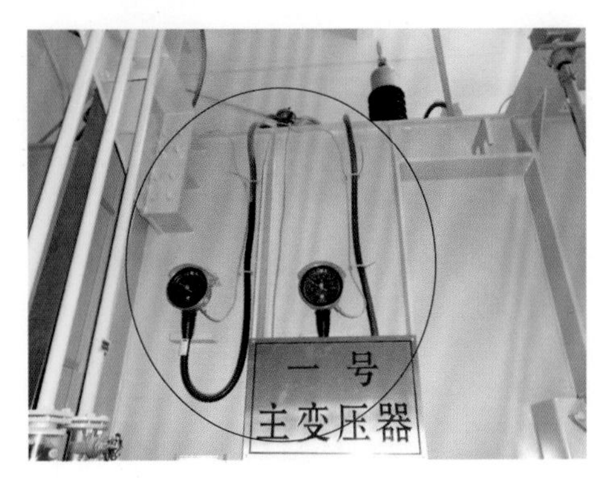

图 1-1-6

缺陷分析 主变压器温度表软管敷设工艺不美观。

参考标准《国家电网公司输变电工程标准工艺（三）工艺标准库（2012年版）》（0102010101）工艺标准要求：（7）本体上感温线排列美观。

防治措施 按标准工艺施工。

1.1.7　主变压器阀门安装

图 1-1-7

缺陷分析 主变压器阀门锈蚀。

参考标准 GB 50148—2010《电气装置安装工程电力变压器、电抗器、互感器施工及验收规范》4.2.1中规定：1. 油箱及所有附件应齐全，无锈蚀及机械损伤，密封应良好。

防治措施 设备监造监理加强质量控制。设备开箱检查时施工监理检查主变压器阀门有无锈蚀。

1.1.8　主变压器注油及密封试验

1.1.8.1　不同牌号的绝缘油（10、25 号）混合使用

缺陷分析 不同牌号的绝缘油（10、25号）混合使用，且未做混油试验。

参考标准 GB 50148—2010《电气装置安装工程电力变压器、电抗器、互感器施工及验收规范》4.9.2中规定：不同牌号的绝缘油或同牌号的新油与运行过的油混合使用前，必须做混油试验。4.9.3中规定：新安装的变压器不宜使用混合油。

图 1-1-8-1a

图 1-1-8-1b

防治措施 要求施工作业指导书中写清主变压器注油施工标准，绝缘油混合必须做混油试验。施工前在安全技术交底时，提示按工艺标准要求进行施工，并在施工时督促落实。

1.1.8.2 主变压器油位异常

缺陷分析 主变压器油位异常。

参考标准 GB 50148—2010《电气装置安装工程电力变压器、电抗器、互感器施工及验收规范》4.8.5中规定：2. 油位表动作应灵活，指示应与储油柜的真实油位相符。

防治措施 按规范要求将主变压器油位调整正常，显示准确。

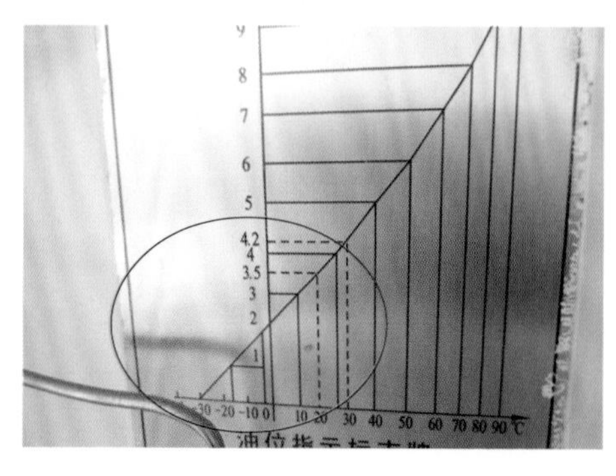

图 1-1-8-2a

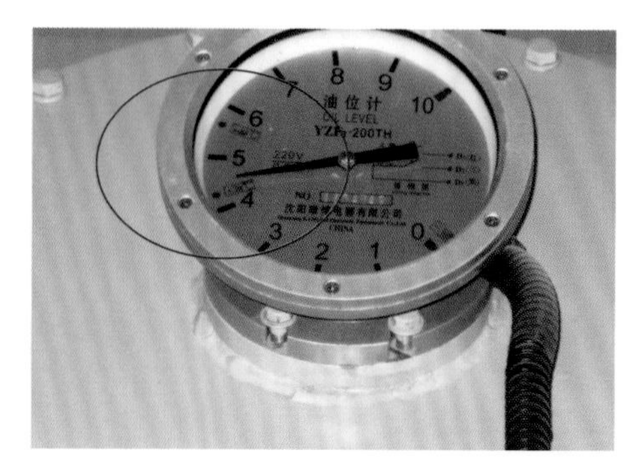

图 1-1-8-2b

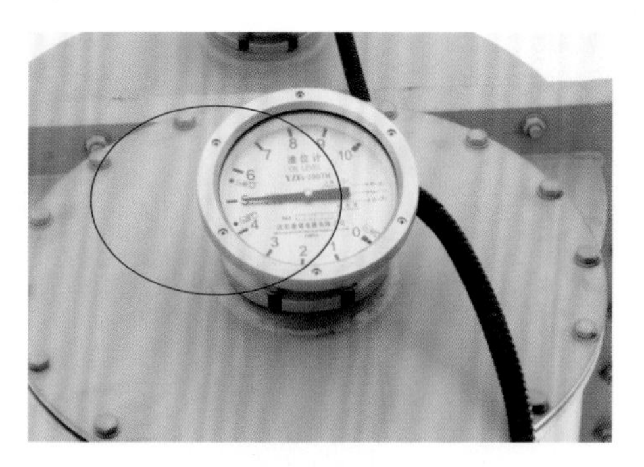

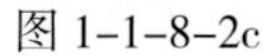

图 1-1-8-2c

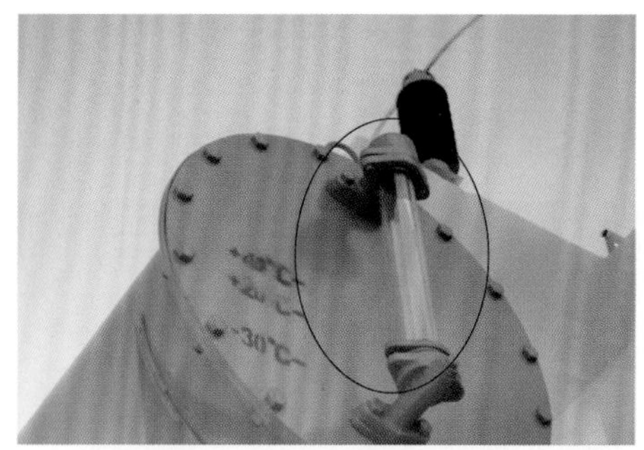

图 1-1-8-2d

1.1.9　主变压器渗油

1.1.9.1　变压器本体渗油

缺陷分析 主变压器箱体渗油、主变压器底部渗油。

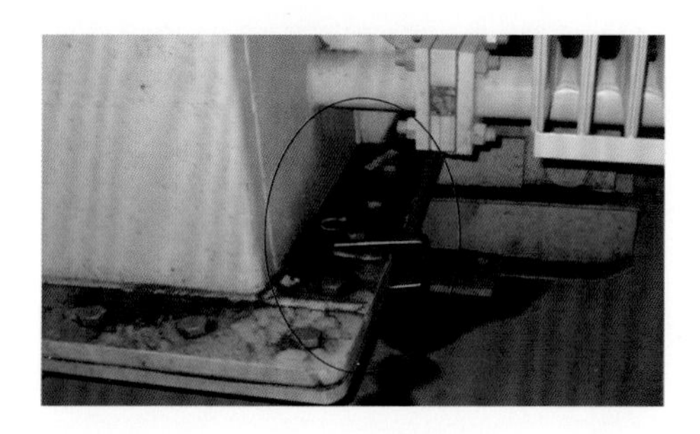

图 1-1-9-1a

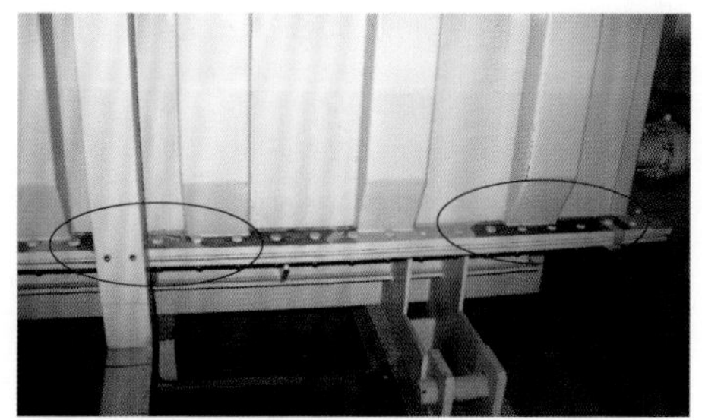

图 1-1-9-1b

参考标准《国家电网公司输变电工程标准工艺（三）工艺标准库（2012年版）》（0102010101）施工要点规定：（10）5）对变压器连同气体继电器、储油柜一起进行密封性试验，在油箱顶部加压0.03MPa，持续时间24h应无渗漏。

防治措施 充油（气）设备渗漏主要发生在法兰连接处。安装前应详细检查密封圈材质及法兰面平整度是否满足标准要求；螺栓紧固力矩应满足厂家说明书要求。

1.1.9.2 变压器散热器渗油

缺陷分析 散热器渗油。

图 1-1-9-2

参考标准 GB 50148—2010《电气装置安装工程电力变压器、电抗器、互感器施工及验收规范》4.2.1中规定：2. 油箱箱盖或钟罩法兰及封板的连接螺栓应齐全，紧固良好，无渗漏。4.12.1中规定：1. 本体、冷却装置及所有附件应无缺陷，且不渗油。

防治措施 在主变压器厂内监造环节，应对变压器各密封部位进行检查，对胶垫密封法兰进行重点检查，检查胶垫压缩量及胶垫密封接触面清洁，胶垫压力变形是否均匀一致；应认真检查变压器整体压力油压试验报告，并应有当时压力表的照片。在现场安装环节，应重点对各部附件的安装法兰胶垫的压紧情况进行检查，查看是否采用了技术协议要求的胶垫。

1.2 主变压器系统附属设备安装

1.2.1 中性点隔离开关安装

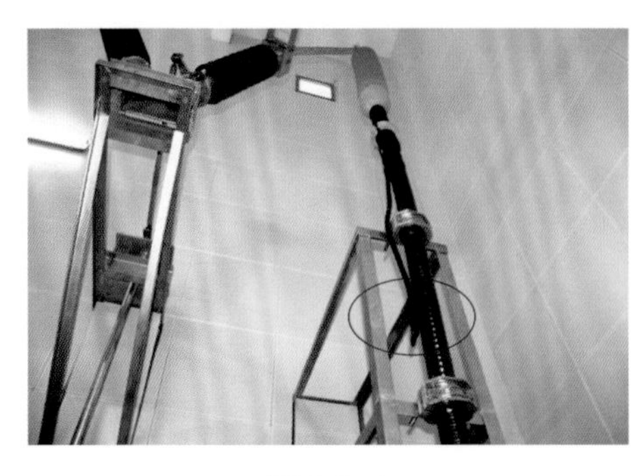

图 1-2-1

缺陷分析 主变压器中性点电缆未接地。

参考标准《国家电网公司输变电工程标准工艺（三）工艺标准库（2012年版）》（0102010201）工艺标准要求：（1）中性点隔离开关安装工艺标准参见“0102030202隔离开关安装”，中性点接地部位应分别与主接地网的不同干线相连。

防治措施 按工艺标准要求做好主变压器中性点电缆接地。

1.2.2　中性点电流互感器、避雷器安装

缺陷分析 主变压器避雷器底座安装未加装楔形方平垫。

图 1–2–2

参考标准 《国家电网公司输变电工程质量通病防治工作要求及技术措施》第四十条 电气一次设备安装质量通病防治的施工措施中 3．在槽钢或角钢上采用螺栓固定设备时，槽钢及角钢内侧应穿入与螺栓规格相同的楔形方平垫，不得使用圆平垫。

防治措施 按质量通病防治措施要求，电气一次设备安装在角钢或槽钢上采用螺栓固定设备时穿入楔形方平垫。

1.2.3　控制柜及端子箱检查安装

缺陷分析 主变压器控制箱体未接地。

图 1–2–3a

图 1–2–3b

图 1-2-3c

参考标准《110（66）kV～500kV油浸式变压器（电抗器）运行规范》（国家电网生技【2005】172号）第3章中规定：控制箱及内部元件外壳、框架的接零或接地应符合设计要求，连接可靠。

防治措施 箱体应采用接地圆钢或扁钢接地，在合适位置涂刷统一的接地黄绿标志。

1.2.4　电缆外露

缺陷分析 主变压器电缆外露，排列不整齐、不美观。

图 1-2-4a

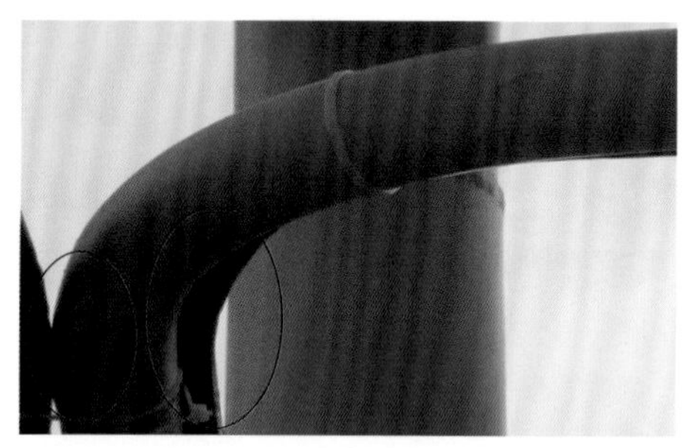

图 1-2-4b

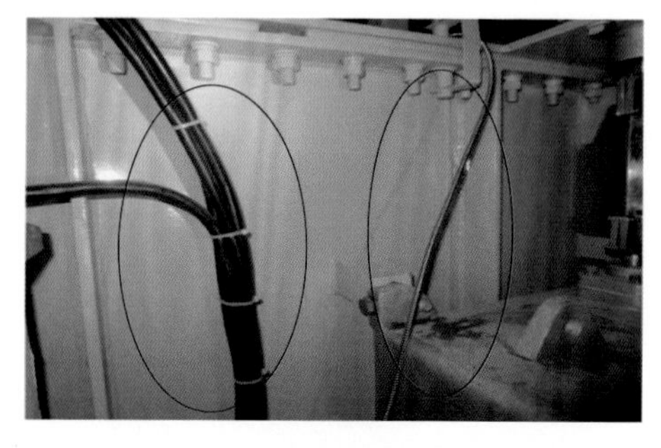

图 1-2-4c

参考标准《国家电网公司输变电工程标准工艺（三）工艺标准库（2012年版）》（0102010101）工艺标准要求：（6）电缆应排列整齐美观。

防治措施 在审查施工单位报送的施工方案时，检查是否应用标准工艺施工方法，并按标准工艺监督施工单位进行施工。

1.2.5 消弧线圈安装

1.2.5.1 消弧线圈本体安装

缺陷分析 消弧线圈安装基础加垫片。

参考标准《国家电网公司输变电工程质量通病防治工作要求及技术措施》第三十九条 电气一次设备安装质量通病防治的设计措施要求：7. 在技术协议中，应明确随设备成套供货的支架加工误差标准，防止现场安装增加垫片。

图 1-2-5-1

防治措施 在基础施工过程中控制基础埋件标高必须水平一致，设备进场时检查设备支架误差在标准范围内。

1.2.5.2 消弧线圈接地

图 1-2-5-2

缺陷分析 消弧线圈外壳与底座串联接地。

参考标准《国家电网公司输变电工程标准工艺（三）工艺标准库（2012年版）》（0102030210）施工要点规定：（4）放电线圈本体底部槽钢件与主网可靠焊接，本体内部引出其他接地件就近与主接地网可靠连接。

防治措施 落实标准工艺要求，审查施工作业指导书时即要求按规范写清电气装置接地施工标准，应以单独的接地线与接地汇流排或接地干线相连接，严禁在一个接地线中串接几个需要接地的电气装置。施工前在安全技术交底时，提示施工人员按工艺标准要求进行施工，并在施工时督促落实。

1.2.5.3 消弧线圈接线

缺陷分析 消弧线圈电缆工艺不美观。

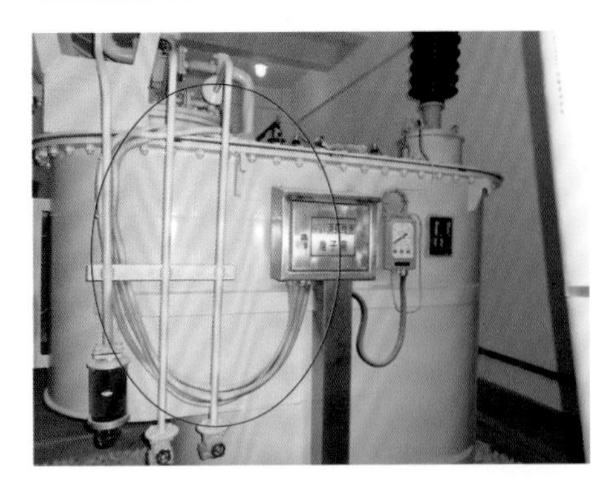

图 1-2-5-3

参考标准 《国家电网公司输变电工程标准工艺（三）工艺标准库（2012年版）》（0102010101）工艺标准要求：（6）电缆排列整齐、美观固定与防护措施可靠，有条件时采用封闭桥架。

防治措施 要求施工作业指导书中写清二次接线施工标准，施工前在安全技术交底时，提示施工人员按工艺标准要求进行施工，并在施工时督促落实。

第2章

主控及直流设备安装

2.1 主控室设备安装

2.1.1 控制及保护和自动化屏安装

缺陷分析 屏柜外形尺寸、颜色不统一。

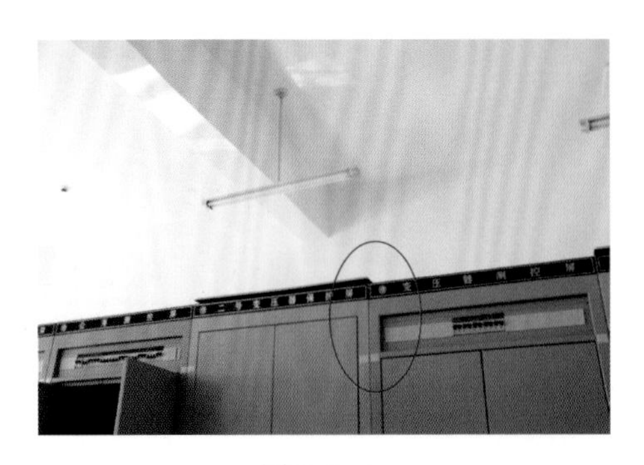

图 2-1-1a

图 2-1-1b

参考标准 《国家电网公司输变电工程标准工艺（三）工艺标准库（2012年版）》（0102040101）工艺标准要求：（6）屏、柜的漆层应完整无损伤，所有屏柜外壳采用统一厂家制作，屏柜外形尺寸、颜色、各部件型号统一。

防治措施 严格把握设备进场质量验收关。

2.1.2 二次回路检查及接线

2.1.2.1 二次回路接线

缺陷分析 接线不规范，同一个端子压接不同线径的导线。容易造成松动，接触不牢固，容易出现故障。并且两线之间没有垫平垫片；普遍使用小端子排接大线径的线。

参考标准 GB 50171—2012《电气装置安装工程 盘、柜及二次回路接线施工及验收规范》第6.0.1条 二次回路接线应符合下列要求：7. 每个接线端子的每侧接线宜为1根，不得超过2根；对于插接式端子，不同截面的两根导线不得接在同一端子上；对于螺栓连接端子，当接两根导线时，中间应加平垫片。

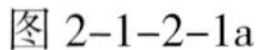

图 2-1-2-1a

图 2-1-2-1b

防治措施 二次回路接线前，应检查核对导线型号、线径和接线端子的接线方式。

图 2-1-2-1c

缺陷分析 在端子排处的接线电缆圈太大，施工工艺较差。

参考标准 《国家电网公司输变电工程质量通病防治工作要求及技术措施》第四十六条　电缆敷设、接线与防火封堵质量通病防治的施工措施要求：6　线芯握圈连接时，线圈内径应与固定螺栓外径匹配，握圈方向与螺栓拧紧方向一致。

防治措施 二次接线施工前在安全技术交底时，专业监理师提示施工人员按通病防治和创优要求进行施工，并在施工时加强巡视检查。

2.1.2.2　二次电缆布线

缺陷分析 控制屏电缆布线较乱。

参考标准 GB 50171—2012《电气装置安装工程 盘、柜及二次回路接线施工及验收规范》第6.0.4条　引入盘、柜内的电缆及其芯线应符合下列要求：2）引入盘、柜的电缆应排列整齐，编号清晰，避免交叉，固定牢固，不得使所接的

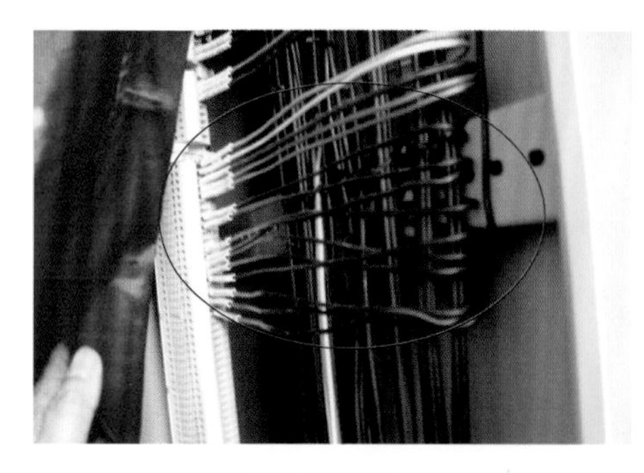

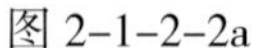
图 2-1-2-2a

图 2-1-2-2b

端子排受到机械应力。6）盘、柜内的电缆芯线接线应牢固、排列整齐，并应留有适当裕度；备用芯应引至盘、柜顶部或线槽末端并应标明备用标识，芯线导体不得外露。

防治措施 二次接线施工前在安全技术交底时，提示施工人员按规程和创优要求进行施工，并在施工时加强巡视检查。

2.1.2.3 备用电缆头处理

缺陷分析 备用芯长度预留不足，芯线头处理不规范。

参考标准 GB 50171—2012《电气装置安装工程 盘、柜及二次回路接线施工及验收规范》第6.0.4条　引入盘、柜内的电缆及其芯线应符合下列要求：6）盘、柜内的电缆芯线接线应牢固、排列整齐，并应留有适当裕度；备用芯应引至盘、柜顶部或线槽末端并应标明备用标识，芯线导体不得外露。

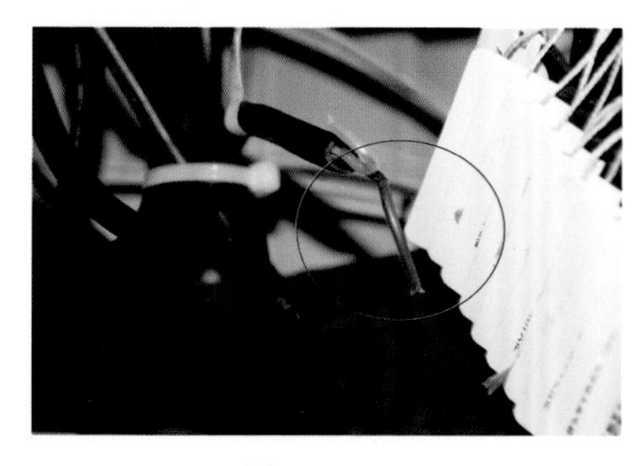

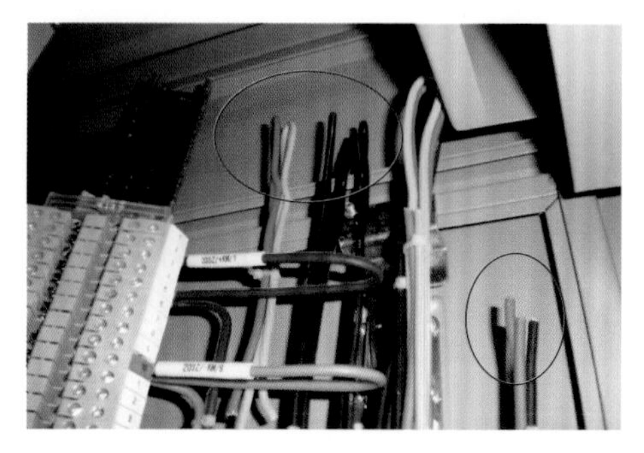

图 2-1-2-3a

图 2-1-2-3b

防治措施 电缆布线时要留够充足的长度。

2.1.3 控制屏内接地

2.1.3.1 控制屏接地连接

缺陷分析 在分电箱及保护屏有多个屏蔽线接在同一个接线端子，屏蔽线没有套上热缩管或绝缘胶管，没有用压线鼻子，并且有露金属缠绕到接地铜排上。

参考标准 《国家电网公司输变电工程标准工艺（三）工艺标准库（2012年版）》（0102040104）施工要点规定：（10）每个接地螺栓上所接引的屏蔽接地线鼻子不得超过两根。

防治措施 要充分利用接地排的接地端子，接地螺栓不足时要加装接地螺栓，避免一个接地螺栓上连接两个以上的接地线鼻子。

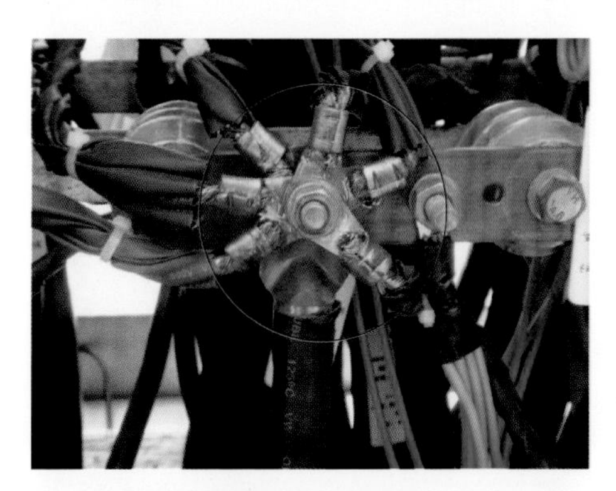

图 2-1-3-1a

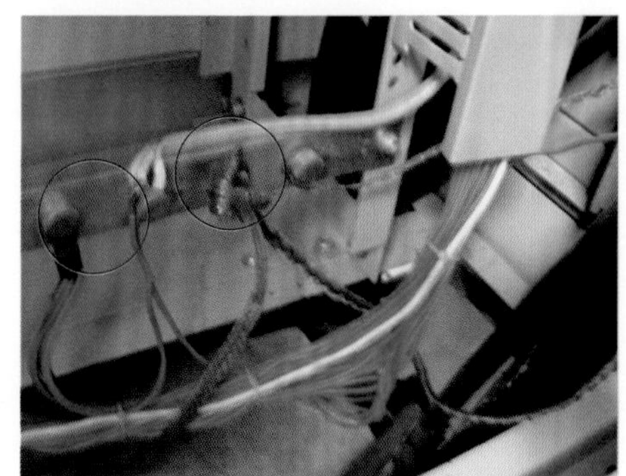

图 2-1-3-1b

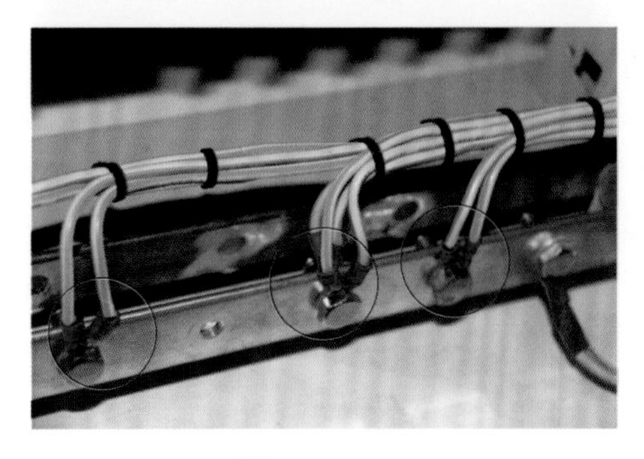

图 2-1-3-1c

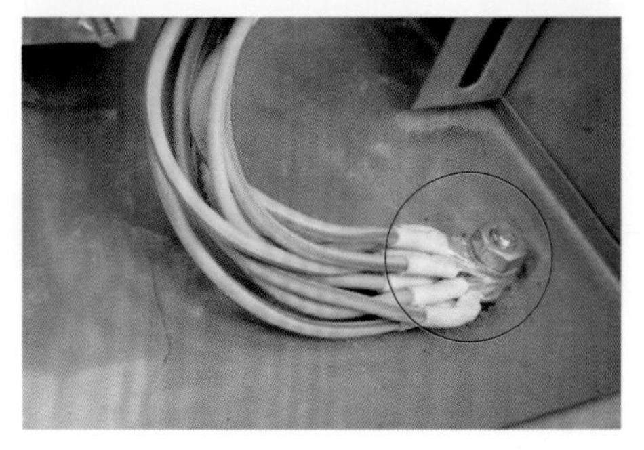

图 2-1-3-1d

2.1.3.2 屏内控制接地、保护接地未分开

缺陷分析 控制屏内只有一个接地母排，工作接地与保护接地均接在一个母排上。

参考标准 《国家电网公司输变电工程标准工艺（三）工艺标准库（2012年版）》（0102060205）施工要求规定：（4）屏柜（箱）内应分别设置接地母线和等电位屏蔽母线，并由厂家制作接地标识。

《国家电网公司输变电工程标准工艺（三）工艺标准库（2012年版）》（0102040104）施工要点规定：（9）装有静态保护和控制装置屏柜的控制电缆，其屏蔽层接地线应采用螺栓接至专用接地铜排。

《国家电网公司十八项电网重大反事故措施（修订版）》15.7.3.4 静态保护和控制装置的屏柜下部应设有截面不小于100mm^{2}的接地铜排。屏柜上装置的接地端子应用截面不小于4mm^{2}的多股铜线和接地铜排相连。接地铜排应用截面不小于50mm^{2}的铜缆与保护室内的等电位接地网相连。

防治措施 二次回路施工前，审查施工作业指导书，督促施工单位按工艺标准库和十八项反事故措施要求施工。

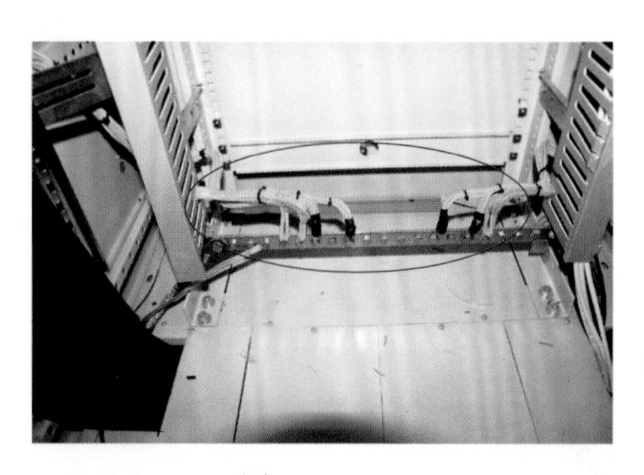

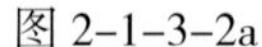

图 2-1-3-2a

图 2-1-3-2b

2.1.4 屏内标志牌安装

缺陷分析 电缆与所挂的电缆标志牌标识不一致，无编号、无长度，规格标识不详细。

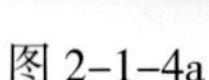
图 2-1-4a

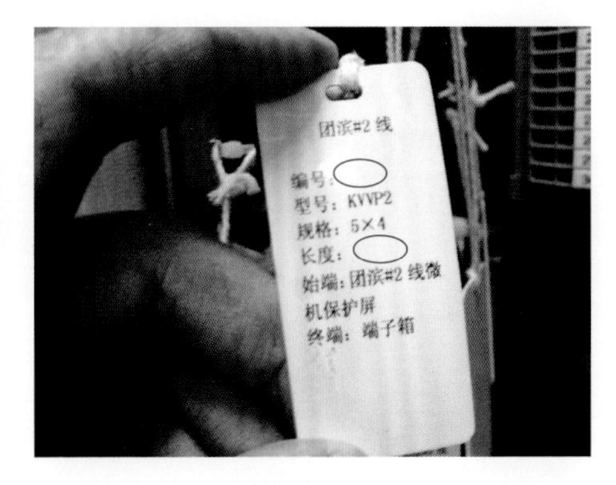

图 2-1-4b

参考标准 GB 50171—2012《电气装置安装工程 盘、柜及二次回路接线施工及验收规范》6.0.1 二次回路接线应符合下列规定：5. 电缆芯线和所配导线的端部均应标明其回路编号，编号应正确，字迹应清晰，不易脱色。

GB 50168—2006《电气装置安装工程电缆线路施工及验收规范》5.1.19 标志牌的装设应符合下列要求：3. 标志牌上应注明线路编号。当无编号时，应写明电缆型号、规格及起讫地点；并联使用的电缆应有顺序号。标志牌的字迹应清晰不易脱落。

防治措施 监理、施工人员对照电缆清册进行检查。

2.2 蓄电池组安装

缺陷分析 蓄电池接线端子无绝缘盖。

参考标准《国家电网公司输变电工程标准工艺（三）工艺标准库（2012年版）》（0102040201）工艺标准要求：（4）蓄电池上部或蓄电池端子上应加盖绝缘盖，以防止发生短路。

防治措施 按工艺标准要求加盖绝缘盖。

图 2-2

第3章

配电装置安装

3.1 主母线及旁路母线安装

3.1.1 绝缘子串安装

3.1.1.1 销钉安装

缺陷分析 66kV引线绝缘子串销钉用材料不一致，有的用销钉，有的用螺栓，穿入方向不一致。

参考标准 《国家电网公司输变电工程标准工艺（三）工艺标准库（2012年版）》（0202010802）工艺标准要求：（1）地线金具串上的各种螺栓和穿钉，除有固定的穿向外，其余穿向应统一。

防治措施 要求施工作业指导书写清引线金具施工标准，施工前在安全技术交底时，提示施工人员按工艺标准要求进行施工，并在施工时督促落实。

图 3-1-1-1a

图 3-1-1-1b

图 3-1-1-1c

图 3-1-1-1d

3.1.1.2　绝缘子串安装时的碗口朝向

缺陷分析 66kV引线绝缘子串碗口朝向不一致。

参考标准《国家电网公司输变电工程优质工程评定管理办法》附件10.2：110（66）kV新建变电站达标投产和优质工程标准评分表中4.7.2　绝缘子串及金具要求绝缘子瓷质完好无损、清洁，铸钢件完好无锈蚀；连接金具的螺栓、销钉、球头挂板等应互相匹配，碗头开口方向应一致，闭口销必须分开，并不得有折断或裂纹。

防治措施 按优质工程评定管理办法施工，确保绝缘子串碗头开口方向一致。

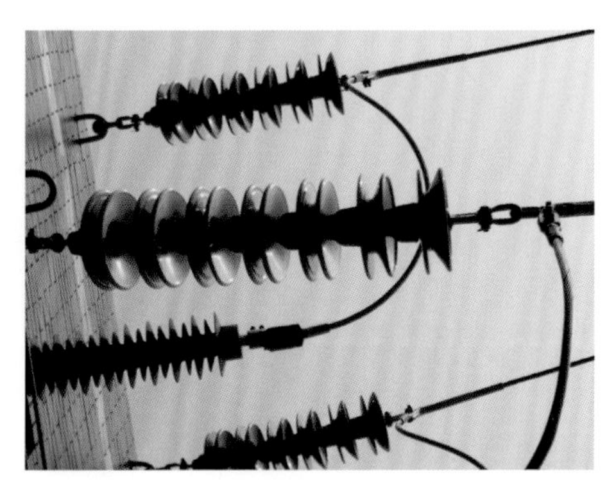

图 3-1-1-2a

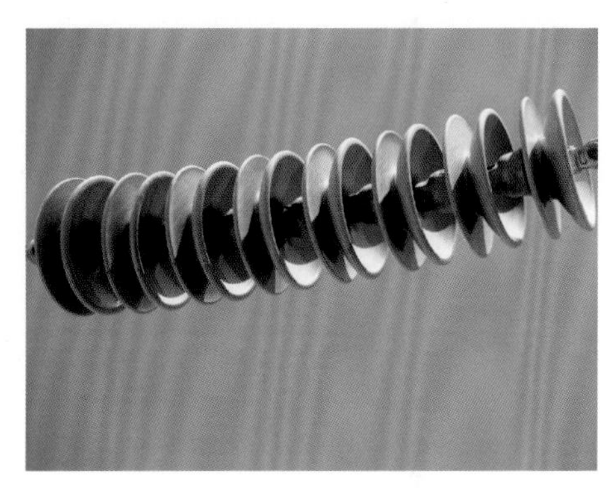

图 3-1-1-2b

3.1.2　支柱绝缘子安装

缺陷分析 母线支柱绝缘子锈蚀。

参考标准《国家电网公司输变电工程质量通病防治工作要求及技术措施》第三十九条　电气一次设备安装质量通病防治的设计措施：8. 在技术协议中，明确设备本体、机构箱门把手、螺栓等附件的防锈蚀（如烤漆、热镀锌、镀铬等）工艺。

图 3-1-2

防治措施 在技术协议中，明确母线支柱绝缘子的防锈蚀工艺。

3.1.3 软母线安装

3.1.3.1 母线松股

缺陷分析 软母线松股。

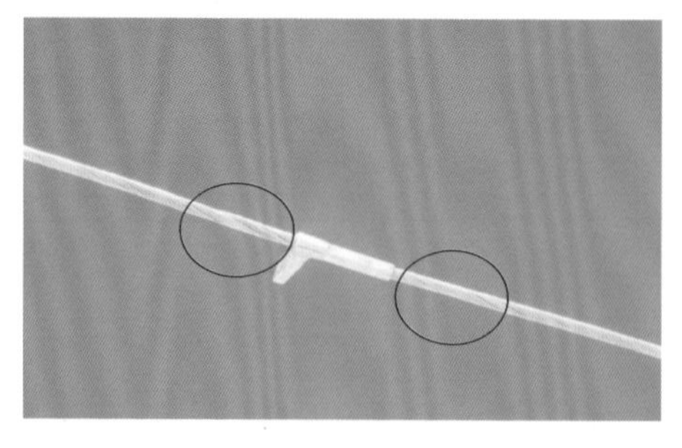

图 3-1-3-1

参考标准 GB 50149—2010《电气装置安装工程母线装置施工及验收规程》3.5.2 软母线不得有扭结、松股、断股、严重腐蚀或其他明显的损伤。3.5.8 采用液压压接导线时，应符合下列规定：4. 压接时应保持线夹正确位置，不得歪斜。

防治措施 按DL/T 5285—2013《输变电工程架空导线及地线液压压接工艺规程》编制作业指导书，施工中提示施工人员按验收规程和作业指导书要求进行施工。

3.1.3.2 T 型线夹锈蚀，未包铝包带

缺陷分析 T型线夹锈蚀，未包铝包带。

图 3-1-3-2a

图 3-1-3-2b

参考标准 GB 50149—2010《电气装置安装工程母线装置施工及验收规程》3.5.10中规定当软母线采用钢制螺栓型耐张线夹或悬垂线夹连接时，应缠绕铝包带，其绕向应与外层铝股的绕向一致，两端露出线夹口不应超过10mm，且端口应回到线夹内压紧。

防治措施 引下线及跳线安装中软母线采用钢制螺栓型线夹连接时，应缠绕铝包带，其绕向与外层铝股的绕向一致，两端露出线夹不得超过10mm，且端口应回到线夹内压紧。

3.1.3.3 母线弛度不一致

缺陷分析 母线弛度不一致，引线弯曲度不一致。

参考标准 GB 50149—2010《电气装置安装工程母线装置施工及验收规程》3.5.16中规定同一档距内三相母线的弛度应一致；相同布置的分支线，宜有同样的弯曲度和弛度。

防治措施 母线和导线安装时，应精确测量档距，并考虑挂线金具的长度和允许偏差，以确保其各相导线的弧度一致。

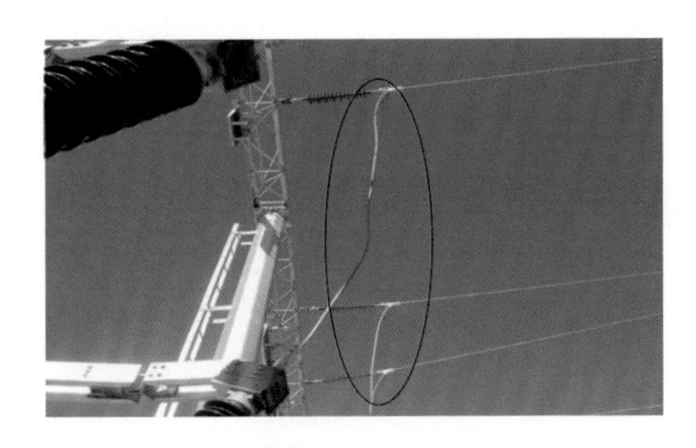

图 3-1-3-3a

图 3-1-3-3b

3.1.3.4 母线支架基础安装

缺陷分析 母线支架基础偏离。

图 3-1-3-4

参考标准 《国家电网公司输变电工程标准工艺（三）工艺标准库（2012年版）》（0102010101）工艺标准要求：（1）基础（预埋件）中心位移≤5mm，水平度误差≤2mm。

防治措施 在基础施工过程中控制基础埋件标高必须水平一致，设备进场时检查设备支架误差在标准范围内。

3.1.3.5 母线支架未接地

缺陷分析 构架未接地，引流线弛度不一致。

参考标准 GB 50169—2006《电气装置安装工程接地装置施工及验收规范》3.1.1 电气装置的下列金属部分，均应接地或接零：3. 屋内外配电装置的金属或钢筋混凝土构架以及靠近带电部分的金属遮栏和金属门。

防治措施 按照规程要求做好接地。

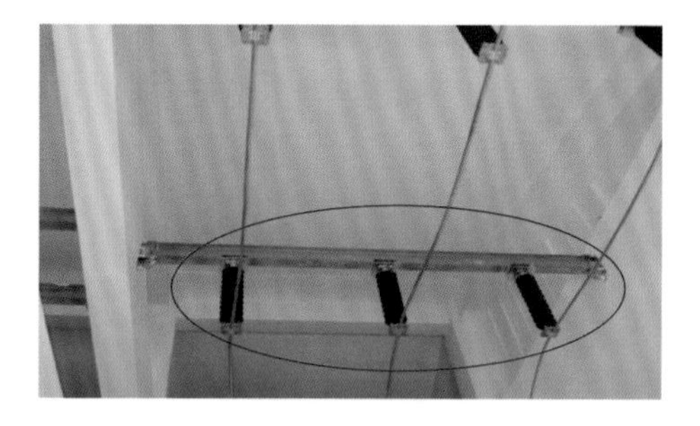

图 3-1-3-5

3.1.4 引下线及跳线安装

3.1.4.1 引下线松股

缺陷分析 主变压器66kV引流线松股。

参考标准 《国家电网公司输变电工程标准工艺（三）工艺标准库（2012年版）》（0102030104）工艺标准要求：（1）导线无断股、松散及损伤。

防治措施 按DL/T 5285—2013《输变电工程架空导线及地线液压压接工艺规程》编制作业指导书，施工中提示施工人员按工艺标准和作业指导书要求进行施工。

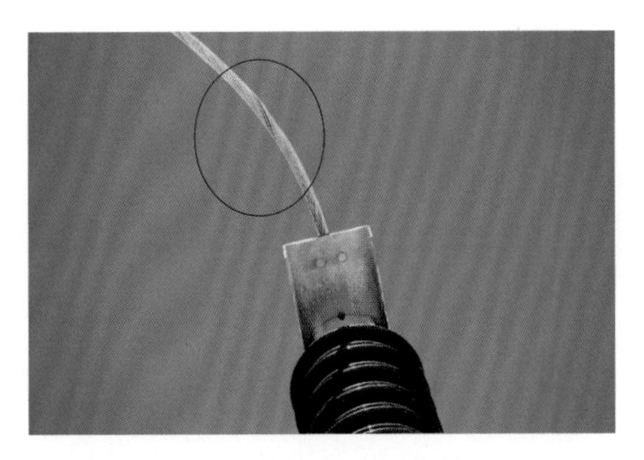

图 3-1-4-1a

图 3-1-4-1b

3.1.4.2　引线损伤

缺陷分析 主变压器66kV引流线损伤。

参考标准 《国家电网公司输变电工程标准工艺（三）工艺标准库（2012年版）》（0102030104）工艺标准要求：（1）导线无断股、松散及损伤。

防治措施 按标准工艺进行母线施工，避免引流线损伤。

图 3-1-4-2

3.1.4.3　尾部朝上的线夹未打排水孔

缺陷分析 尾部朝上的线夹未打排水孔。

图 3-1-4-3

参考标准 《国家电网公司输变电工程标准工艺（三）工艺标准库（2012年版）》（0102030105）工艺标准要求：（3）软导线压接线夹口向上安装时，应在线夹底部打直径不超过8mm的泄水孔。

防治措施 落实标准工艺要求，软导线压接线夹口向上安装时，在线夹底部打直径不超过8mm的泄水孔。

3.1.5 管形母线安装

缺陷分析 母线相间安全距离不够。

图 3-1-5

参考标准 GB 50060—2008《3~110kV高压配电装置设计规范》表5.1.4中规定屋内配电装置的安全净距离；10kV配电装置不同相的带电部分之间为125mm。

防治措施 设备监造及到货验收时，做好母线相间距离控制。

3.1.6 接地开关安装

缺陷分析 接地开关底座无跨接地线。

参考标准 GB 50169—2006《电气装置安装工程接地装置施工及验收规范》中3.1.1 电气装置的下列金属部分，均应接地或接零：1. 电机、变压器、电器、携带式或移动式用电器具等的金属底座和外壳。

防治措施 按照规范要求做好接地开关底座跨接接地。

图 3-1-6

3.2　电压互感器及避雷器安装

3.2.1　避雷器安装

3.2.1.1　避雷器底座螺栓缺少方形斜垫片

缺陷分析　避雷器底座螺栓缺少楔形方平垫。

参考标准《国家电网公司输变电工程质量通病防治工作要求及技术措施》第四十条　电气一次设备安装质量通病防治的施工措施：3. 在槽钢或角钢上采用螺栓固定设备时，槽钢及角钢内侧应穿入与螺栓规格相同的楔形方平垫，不得使用圆平垫。

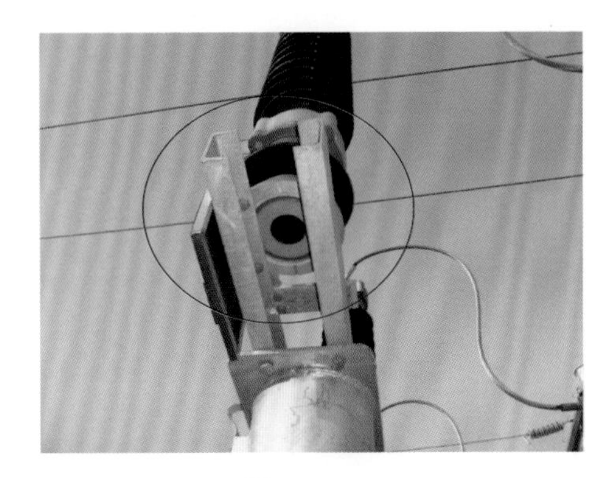

图 3-2-1-1

防治措施　落实质量通病防治措施，在槽钢或角钢上采用螺栓固定设备时，槽钢及角钢内侧穿入与螺栓规格相同的楔形方平垫。

3.2.1.2　避雷器接地不符合要求

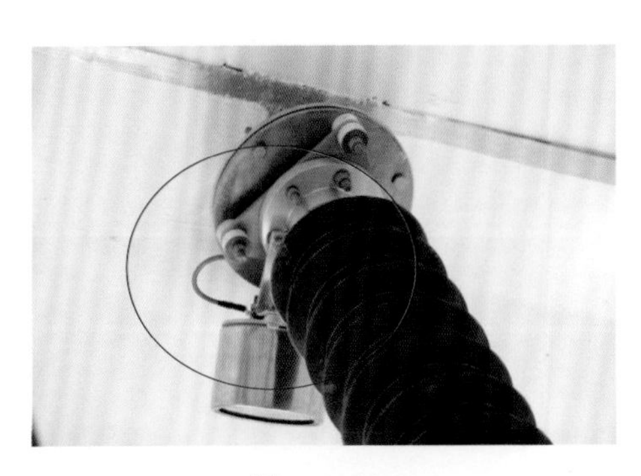

图 3-2-1-2

缺陷分析　避雷器接地不符合要求。

参考标准《国家电网公司输变电工程标准工艺（三）工艺标准库（2012年版）》（0102030204）工艺标准要求：（9）接地牢固可靠、美观。施工要点规定：（9）接地部位一处与接地网可靠连接，另一处与集中接地装置可靠连接（辅助接地）。

防治措施　施工作业指导书时写清避雷器接地施工标准，施工前在安全技术交底时，提示施工人员按工艺标准要求做到避雷器两处可靠、美观接地，并在施工时督促落实。

3.2.2 隔离开关及接地开关安装

3.2.2.1 隔离开关对爬梯安全距离不够

缺陷分析 主变压器室内隔离开关对墙面安全距离不够。

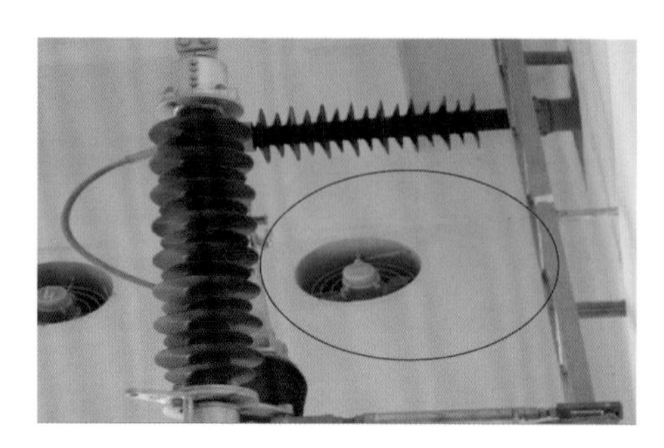

图 3-2-2-1a

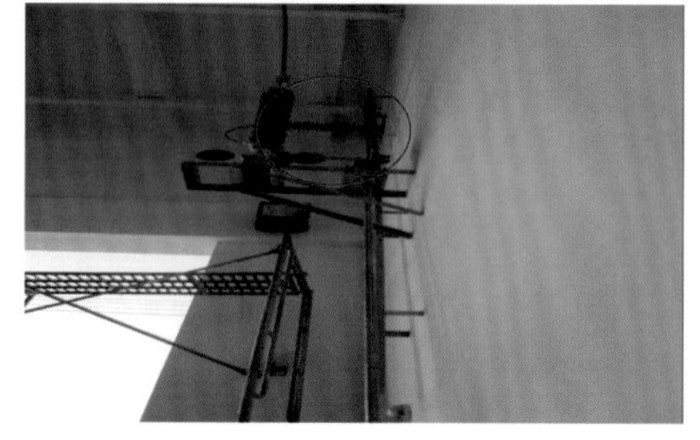

图 3-2-2-1b

参考标准 GB 50060—2008《3~110kV高压配电装置设计规范》表5.1.4中规定屋内配电装置的安全净距离；66kV配电装置带电部分至接地部分之间为550mm。

防治措施 加强施工图预检和会审时，关键处电气距离应核对。

3.2.2.2 隔离开关合闸线位不正确

缺陷分析 隔离开关分合闸线位不一致。

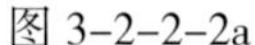

图 3-2-2-2a

图 3-2-2-2b

参考标准 GB 50147—2010《电气装置安装工程　高压电器施工及验收规范》8.3.1　在验收时，应进行下列检查：5. 隔离开关分合闸限位应正确。

防治措施 按规范要求调整隔离开关分合闸限位应正确。

图 3-2-2-2c

3.2.2.3　接地开关传动杆开口销开口角度不足

图 3-2-2-3

缺陷分析 接地开关传动杆开口销开口角度不足。

参考标准《国家电网公司输变电工程质量通病防治工作要求及技术措施》第四十条　电气一次设备安装质量通病防治的施工措施：8. 电气设备连接部件间销针的开口角度不得小于60°。

防治措施 加强施工三级自检的责任落实。

3.2.2.4　隔离开关操动机构

缺陷分析 隔离开关操动机构未接地。

参考标准 GB 50169—2006《电气装置安装工程接地装置施工及验收规范》3.1.1中规定：电气装置的下列金属部分，均应接地：2. 电气设备的传动装置。

防治措施 按规范要求做好电气装置及操动机构接地。

图 3-2-2-4

3.2.3 支柱绝缘子安装

缺陷分析 主设备底座安装螺栓未露扣。

图 3-2-3

参考标准《国家电网公司输变电工程质量通病防治工作要求及技术措施》第四十条　电气一次设备安装质量通病防治的施工措施：7. 对设备安装中的穿芯螺栓（如避雷器、主变压器散热器等），要保证两侧螺栓露出长度一致。

防治措施 材料验收时应核对螺杆长度与设备匹配。

3.2.4 引下线及跳线安装

缺陷分析 线夹螺栓过长，引线压接工艺不良。

参考标准《国家电网公司输变电工程质量通病防治工作要求及技术措施》第四十二条　母线施工质量通病防治的施工措施：4. 母线平置安装时，贯穿螺栓应由下往上穿；母线立置安装时，贯穿螺栓应由左向右、由里向外穿，连接螺栓长度宜露出螺母2~3扣。

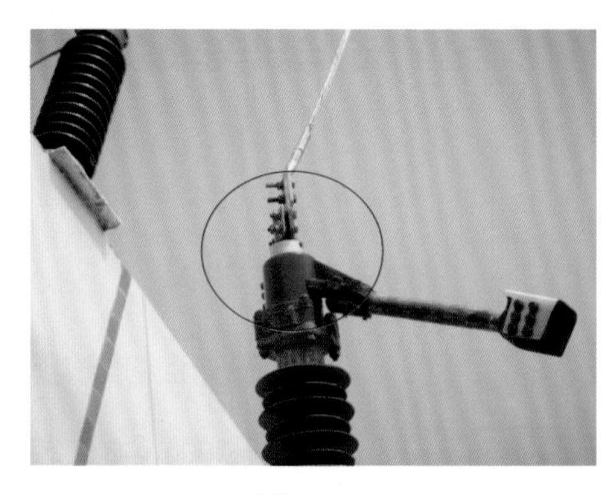

图 3-2-4

防治措施 材料验收时应核对螺杆长度与设备匹配。

3.3　进出线间隔安装

3.3.1　隔离开关安装

缺陷分析 66kV开关引线线夹螺栓垫片锈蚀。

参考标准《国家电网公司输变电工程质量通病防治工作要求及技术措施》第三十九条　电气一次设备安装质量通病防治的设计措施：8. 在技术协议中，明确设备本体、机构箱门把手、螺栓等附件的防锈蚀（如烤漆、热镀锌、镀铬等）工艺。

图 3–3–1

防治措施 在技术协议中，明确线夹螺栓的防锈蚀工艺。

3.3.2　断路器安装

缺陷分析 66kV断路器本体及支架未接地。

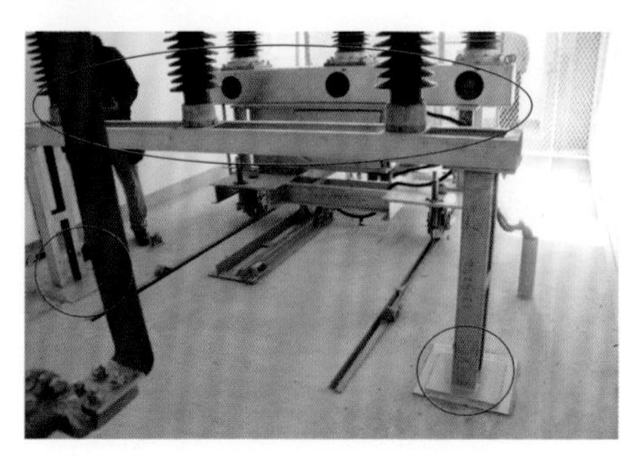

图 3–3–2

参考标准《国家电网公司输变电工程标准工艺（三）工艺标准库（2012年版）》（0102030201）工艺标准要求：（6）断路器本体及支架应两点接地，其两根接地引下线应分别与主接地网不同干线连接。

防治措施 落实标准工艺要求，做到断路器本体及支架两点可靠接地。

3.3.3 电流互感器安装

缺陷分析 此处为电流互感器的二次电缆接线处，电缆端部的导线芯线端部弯圈方向反了。造成的后果：接触不紧固、电流互感器二次开路。

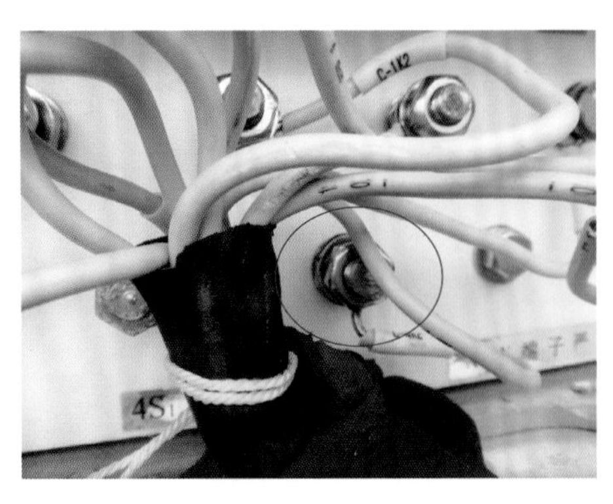

图 3-3-3

参考标准 GB 50171—2012《电气装置安装工程 盘、柜及二次回路接线施工及验收规范》6.0.4 引入盘、柜内的电缆及其芯线应符合下列规定：8. 电缆芯线及绝缘不应有损伤；单股芯线不应因弯曲半径过小而损坏线芯及绝缘。单股芯线弯曲接线时，其弯线方向应与螺栓紧固方向一致；多股软线与端子连接时，应压接相应规格的终端附件。

防治措施 督促施工人员按规程要求进行施工，加强施工三级自检的责任落实。

3.3.4 避雷器安装

缺陷分析 避雷器接地不符合要求，避雷器底座未分别与两个接地网可靠连接。

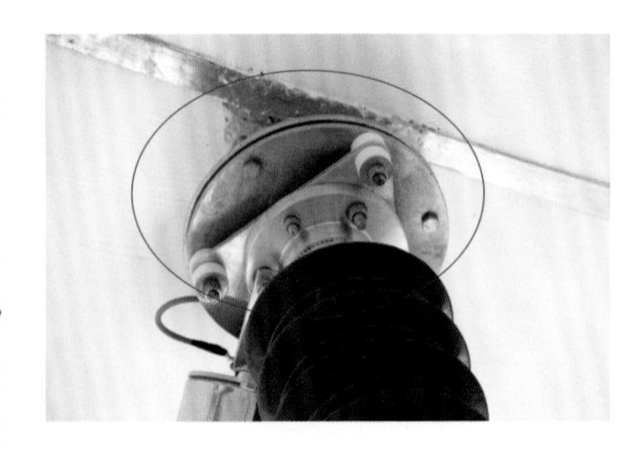

图 3-3-4

参考标准《国家电网公司输变电工程标准工艺（三）工艺标准库（2012年版）》（0102030204）工艺标准要求：（9）接地牢固可靠、美观。（0102030204）施工要点规定：（9）接地部位一处与接地网可靠连接，另一处与集中接地装置可靠连接（辅助接地）。

防治措施 加强施工图预检和会审，两个接地网需引上与避雷器可靠连接。

3.3.5　穿墙套管安装

缺陷分析 电流互感器式穿墙套管螺栓锈蚀。

参考标准《国家电网公司输变电工程质量通病防治工作要求及技术措施》第三十九条　电气一次设备安装质量通病防治的设计措施：8. 在技术协议中，明确设备本体、机构箱门把手、螺栓等附件的防锈蚀（如烤漆、热镀锌、镀铬等）工艺。

图 3-3-5

防治措施 在技术协议中，明确螺栓的防锈蚀工艺。

3.4　铁构件及网门安装

3.4.1　各种金属构件的安装螺孔，采用气焊或电焊割孔

缺陷分析 金属构件的安装螺孔，采用气焊或电焊割孔。

参考标准 GB 50149—2010《电气装置安装工程母线装置施工及验收规范》3.1.4中规定各种金属构件的安装螺孔，不得采用气焊或电焊割孔。

图 3-4-1a

图 3-4-1b

防治措施 材料验收及设备试组装时检查构件安装是否符合要求。

3.4.2 墙体支架未见明显接地

图 3-4-2

缺陷分析 墙体支架未见明显接地。

参考标准 GB 50169—2006《电气装置安装工程接地装置施工及验收规范》3.1.1规定：电气装置的下列金属部分，均应接地或接零：10. 承载电气设备的构架和金属外壳。

防治措施 按规范要求做好设备及构支架接地。

3.4.3 网门未做接地软连接

缺陷分析 主变压器散热器网门未做接地软连接。

参考标准 GB 50169—2006《电气装置安装工程接地装置施工及验收规范》3.1.1 规定：电气装置的下列金属部分，均应接地或接零：3. 屋内外配电装置的金属或钢筋混凝土构架以及靠近带电部分的金属遮栏和金属门。

防治措施 按规范要求做好设备金属网门接地。

图 3-4-3a

图 3-4-3b

第4章

封闭式组合电器安装

4.1 封闭式组合电器检查安装

4.1.1 基础检查及设备支架安装

缺陷分析 GIS底座与基础槽钢间加垫。

图 4-1-1a

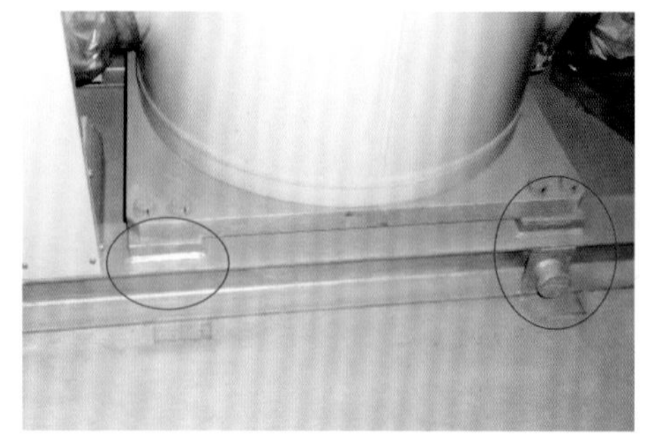

图 4-1-1b

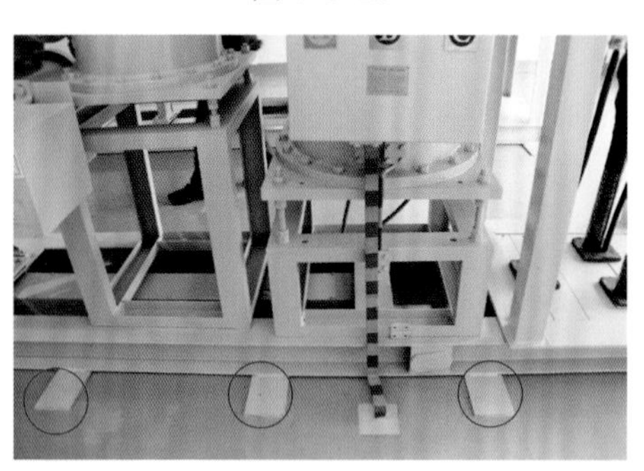

图 4-1-1c

参考标准 《国家电网公司输变电工程质量通病防治工作要求及技术措施》第三十九条　电气一次设备安装质量通病防治的设计措施：7. 在技术协议中，应明确随设备成套供货的支架加工误差标准，防止现场安装增加垫片。

防治措施 在基础施工过程中控制基础埋件标高必须水平一致，设备进场时检查设备支架误差在标准范围内。

4.1.2 封闭式组合电器本体检查安装

4.1.2.1 封闭式组合电器本体接地

缺陷分析 GIS本体无明显接地点,接地端子未直接接地。

参考标准 《国家电网公司输变电工程标准工艺（三）工艺标准库（2012年

图 4-1-2-1a

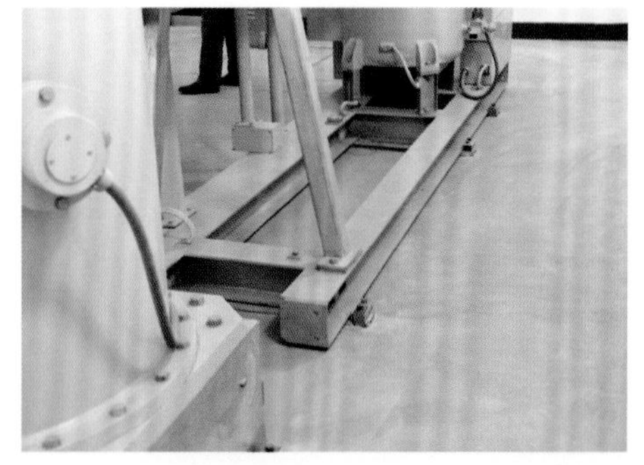

图 4-1-2-1b

版）》（0102030206）工艺标准要求：（5）支架及接地线应无锈蚀和损伤，接地应良好。

GB 50169—2006《电气装置安装工程接地装置施工及验收规范》3.1.1规定：电气装置的下列金属部分，均应接地或接零：12. 气体绝缘全封闭组合电器的外壳接地端子。

防治措施 落实规范及标准工艺要求，做好GIS本体接地。

4.1.2.2　波纹管跨接

缺陷分析 GIS波纹管间未见跨接地。

参考标准《国家电网公司输变电工程标准工艺（三）工艺标准库（2012年版）》（0102030206）工艺标准要求：（9）组合电器的外套筒法兰连接处应做可靠跨接或确保法兰间的良好接触。

防治措施 落实标准工艺要求，确保组合电器外套筒法兰连接处可靠跨接或法兰间的良好接触。

图 4-1-2-2

4.1.2.3　法兰盘间跨接

缺陷分析 GIS法兰盘间未见跨接连接。

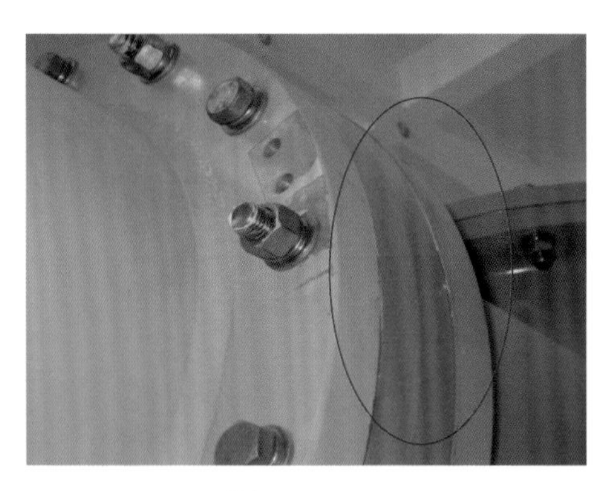

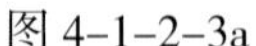
图 4-1-2-3a

图 4-1-2-3b

参考标准 GB 50169—2006《电气装置安装工程接地装置施工及验收规范》3.3.14中规定：全封闭组合电器的外壳应按制造厂规定接地；法兰片间应采用跨接线连接，并应保证良好的电气通路。

防治措施 按照规程要求做好组合电器的外壳接地；法兰片间采用跨接线连接，并保证良好的电气通路。

4.2 就地控制设备安装

4.2.1 控制柜及就地箱安装

4.2.1.1 外壳与底座串联接地

图 4-2-1-1

缺陷分析 GIS汇控柜外壳与GIS底座串联接地。

参考标准 GB 50169—2006《电气装置安装工程接地装置施工及验收规范》3.3.5 每个电气装置的接地应以单独的接地线与接地汇流排或接地干线相连接，严禁在一个接地线中串接几个需要接地的电气装置。

防治措施 加强施工预检及会审，应有的接地引线核对应齐全；施工过程，督促按图施工。

4.2.1.2 设备未接地

缺陷分析 GIS汇控柜无明显接地。

参考标准 《国家电网公司输变电工程标准工艺（三）工艺标准库（2012年版）》（0102040103）工艺标准要求：（2）箱柜底座框架及本体接地可靠，可开启门应采用多股软铜导线可靠接地。

防治措施 落实标准工艺要求，做好GIS及汇控柜接地。

图 4-2-1-2

4.2.2 二次回路检查及接线

缺陷分析 芯线外露，绑扎混乱。

参考标准 《国家电网公司输变电工程标准工艺（三）工艺标准库（2012年版）》（0102040104）施工要点规定：（3）芯线接线应准确、连接可靠，绝缘符合要求，盘柜内导线不应有接头，导线与电气元件间连接牢固可靠。（6）备用芯应满足端子排最远端子接线要求，应套标有电缆编号的号码管，且线芯不得裸露。（0102040104）工艺标准要求：（4）芯线按垂直或水平有规律地配置，排列整齐、清晰、美观，回路编号正确，绝缘良好，无损伤。芯线绑扎扎带头间距统一、美观。

防治措施 加强二次查线、接线的正确率，对备用缆线应进行绝缘处理。

图 4-2-2

第5章

站用配电装置安装

5.1 工作变压器安装

5.1.1 变压器本体安装

5.1.1.1 干式变压器接地不符合要求

缺陷分析 干式变压器接地不符合要求，串联接地。

参考标准《国家电网公司输变电工程标准工艺（三）工艺标准库（2012年版）》（0102020102）施工要点规定：（3）底座两侧与接地网两处可靠连接，低压中性点接地方式符合设计要求，本体引出的其他接地端子就近与主网连接。（4）接地引线与站用变压器专设接地件进行螺栓连接，紧固并保证电气安全距离。

图 5-1-1-1

GB 50169—2006《电气装置安装工程　接地装置施工及验收规程》3.3.5　严禁在一个接地线中串接几个需要接地的电气装置，连接引线应便于定期进行检查测试。

防治措施 落实标准工艺和规程要求，做到变压器本体及支架两点可靠接地。

5.1.1.2 变压器箱体接地

缺陷分析 站用变压器箱体接地体不规范，外壳通过基础预埋件间接接地。

图 5-1-1-2a

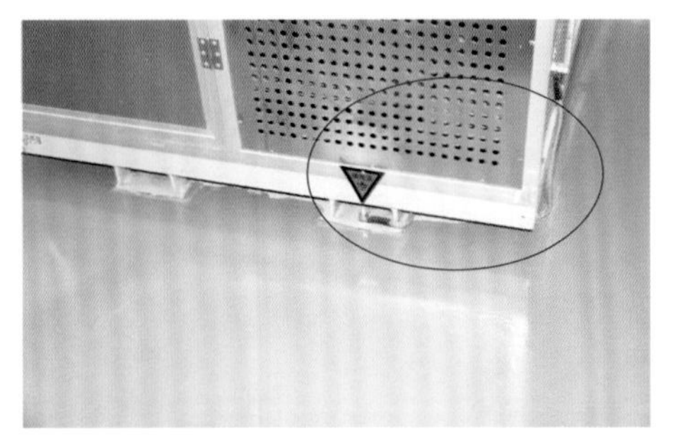

图 5-1-1-2b

参考标准 《国家电网公司输变电工程标准工艺（三）工艺标准库（2012年版）》（0102020102）施工要点规定：（3）底座两侧与接地网两处可靠连接，低压中性点接地方式符合设计要求，本体引出的其他接地端子就近与主网连接。

防治措施 落实标准工艺要求，做到变压器箱体和外壳可靠接地。

5.1.2 变压器附件安装

5.1.2.1 变压器端子引线连接

缺陷分析 站用变压器箱体空间狭窄，进线电缆弯曲半径过小，接线端子受力较大。

参考标准 《国家电网公司输变电工程标准工艺（三）工艺标准库（2012年版）》（0102020102）施工要点规定：（5）引出端子与导线连接可靠，并且不受超过允许的承受应力。

图 5-1-2-1

防治措施 落实标准工艺要求，站用变压器箱体内部接线时合理布线，确保引出端子与导线连接可靠，并且不受超过允许的承受应力。

5.1.2.2 站用变压器、接地变压器铝排工艺较差，接线端子受力较大

图 5-1-2-2

缺陷分析 站用变压器、接地变压器铝排工艺较差，接线端子受力较大。

参考标准 《国家电网公司输变电工程标准工艺（三）工艺标准库（2012年版）》（0102020102）施工要点规定：（5）引出端子与导线连接可靠，并且不受超过允许的承受应力。

防治措施 落实标准工艺要求，站用变压器、接地变压器接线时合理布线，确保引出端子与导线连接可靠，并且不受超过允许的承受应力。

5.2 配电柜安装

5.2.1 基础型钢安装

5.2.1.1 开关柜与基础预埋件尺寸存在偏差

缺陷分析 10kV开关柜与基础预埋件尺寸存在偏差。

图 5-2-1-1

参考标准《国家电网公司输变电工程标准工艺（三）工艺标准库（2012年版）》（0102020201）工艺标准要求：（1）基础槽钢允许偏差：不直度<1mm/m，全长<5mm；水平度<1mm/m，全长<5mm。位置误差及不平行度<5mm。

防治措施 加强施工图预检和会审，应核对基础预埋件与屏柜的尺寸。

5.2.1.2 开关柜与基础预埋件不匹配

缺陷分析 10kV开关室开关柜与基础预埋件不匹配。

参考标准《国家电网公司输变电工程标准工艺（三）工艺标准库（2012年版）》（0102020201）工艺标准要求：（1）基础槽钢允许偏差：不直度<1mm/m，全长<5mm；水平度

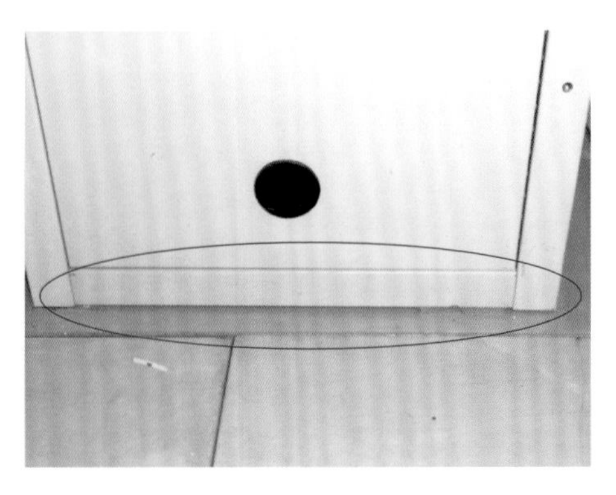

图 5-2-1-2

<1mm/m，全长<5mm。位置误差及不平行度<5mm。

防治措施 在技术协议中，应明确随设备成套供货的支架加工误差标准；加强土建与电气专业设计沟通，现场认真核对施工图，加强图纸预检及会审，提早预防设备与基础不匹配情况，施工时督促严格按照审定的施工图施工。

5.2.1.3　屏柜底座与基础预埋件存在偏差

缺陷分析 10kV屏柜底座与基础预埋件存在偏差。

参考标准《国家电网公司输变电工程标准工艺（三）工艺标准库（2012 年版）》（0102020201）工艺标准要求：（1）基础槽钢允许偏差：不直度<1mm/m，全长<5mm；水平度<1mm/m，全长<5mm。位置误差及不平行度<5mm。

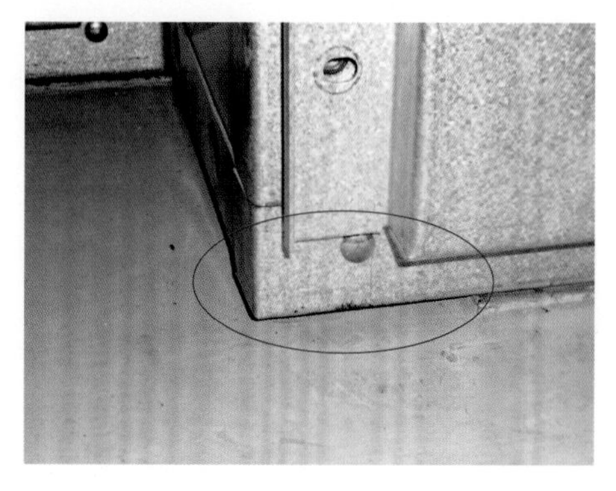

图 5-2-1-3

防治措施 在技术协议中，应明确随设备成套供货的支架加工误差标准；加强土建与电气专业设计沟通，现场认真核对施工图，加强图纸预检及会审，提早预防设备与基础不匹配情况，施工时督促严格按照审定的施工图施工。

5.2.1.4　开关柜与基础预埋件尺寸偏差过大

缺陷分析 10kV开关柜与基础预埋件尺寸偏差过大。

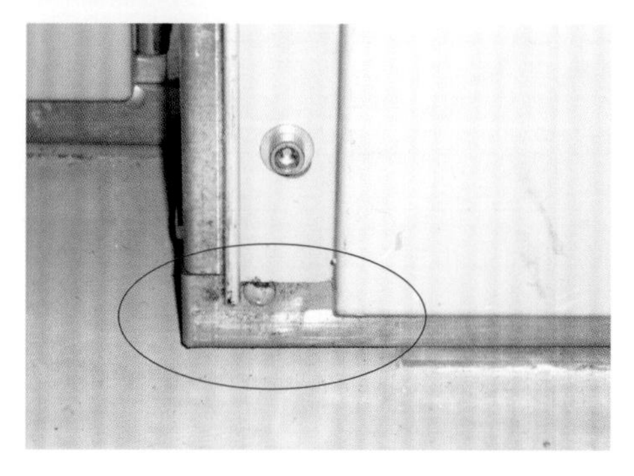

图 5-2-1-4

参考标准《国家电网公司输变电工程标准工艺（三）工艺标准库（2012 年版）》（0102020201）工艺标准要求：（1）基础槽钢允许偏差：不直度<1mm/m，全长<5mm；水平度<1mm/m，全长<5mm。位置误差及不平行度<5mm。

防治措施 在技术协议中，应明确随设备成套供货的支架加工误差标准；加强土建与电气专业设计沟通，现场认真核对施工图，加强图纸预检及会审，提早预防设备与基础不匹配情况，施工时督促严格按照审定的施工图施工。

5.2.2 高压柜盘面高差

缺陷分析 高压柜盘面高差过大。

图 5-2-2a

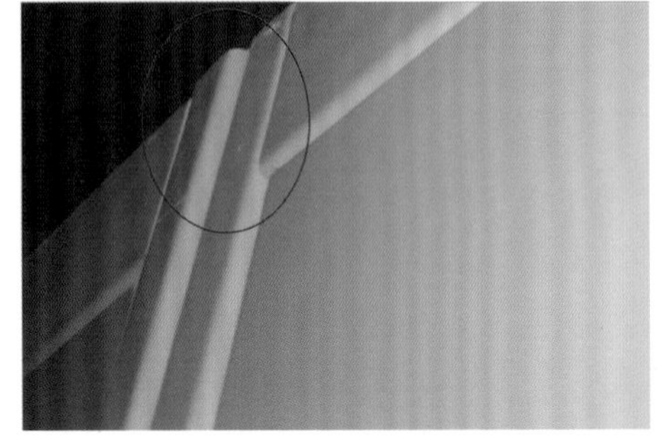

图 5-2-2b

参考标准 GB 50171—2012《电气装置安装工程盘、柜及二次回路接线施工及验收规范》4.0.4 盘、柜单独或成列安装时，其垂直、水平偏差及盘、柜面偏差和盘、柜间接缝等的允许偏差应符合表4.0.4的规定。

表4.0.4 盘、柜安装的允许偏差

项目		允许偏差（mm）
垂直度（每米）		1.5
水平偏差	相邻两盘顶部	2
	成列盘顶部	5
盘面偏差	相邻两盘边	1
	成列盘面	5
盘间接缝		2

防治措施 在技术协议中，应明确随设备成套供货的高压柜盘加工误差标准。

5.2.3　屏柜固定

5.2.3.1　屏柜底部连接螺栓未固定

缺陷分析 开关柜未固定。

参考标准《国家电网公司输变电工程质量通病防治工作要求及技术措施》第四十四条　屏、柜安装质量通病防治的施工措施：1. 屏、柜安装要牢固可靠，主控制屏、继电保护屏和自动装置屏等应采用螺栓固定，不得与基础型钢焊死。

防治措施 严格按照质量通病防治工作要求进行施工。

图 5-2-3-1a

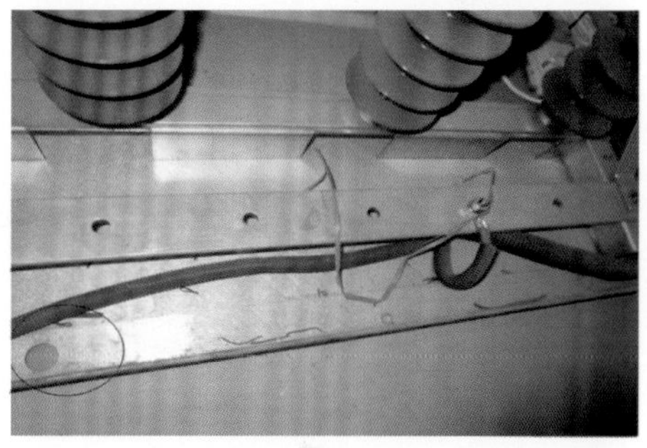

图 5-2-3-1b

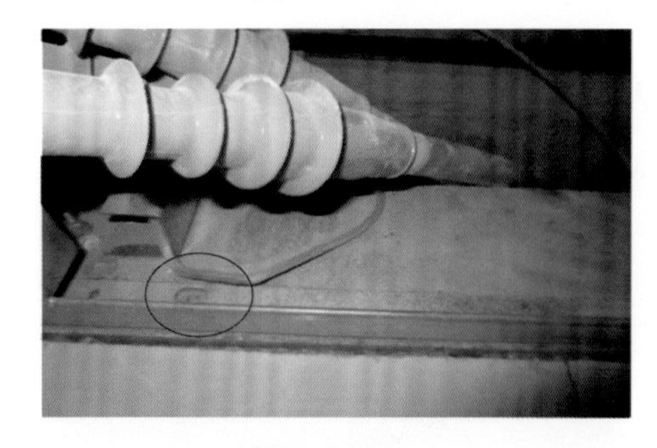

图 5-2-3-1c

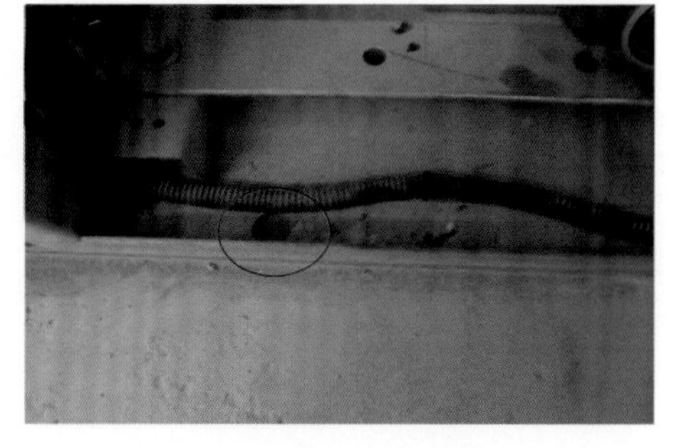

图 5-2-3-1d

5.2.3.2　屏柜点焊固定

缺陷分析 开关柜采用焊接方式固定。

参考标准《国家电网公司输变电工程质量通病防治工作要求及技术措施》第

图 5-2-3-2a

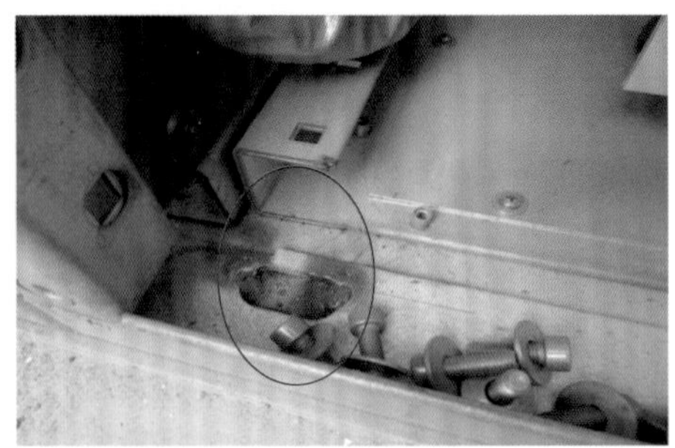
图 5-2-3-2b

图 5-2-3-2c

四十四条　屏、柜安装质量通病防治的施工措施：1. 屏、柜安装要牢固可靠，主控制屏、继电保护屏和自动装置屏等应采用螺栓固定，不得与基础型钢焊死。

防治措施 严格按照质量通病防治工作要求进行施工。

5.2.3.3　开关柜采用焊接方式固定

缺陷分析 开关柜采用焊接方式固定。

参考标准 《国家电网公司输变电工程标准工艺（三）工艺标准库（2012年

图 5-2-3-3a

图 5-2-3-3b

版）》（0102020201）工艺标准要求：（2）可开启柜门用软铜导线可靠接地。施工要点规定：（4）调整好盘（柜）间缝隙后采用紧固底部连接螺栓和相邻盘（柜）连接螺栓。

防治措施 自动装置屏等应采用螺栓固定，不得与基础型钢焊死。

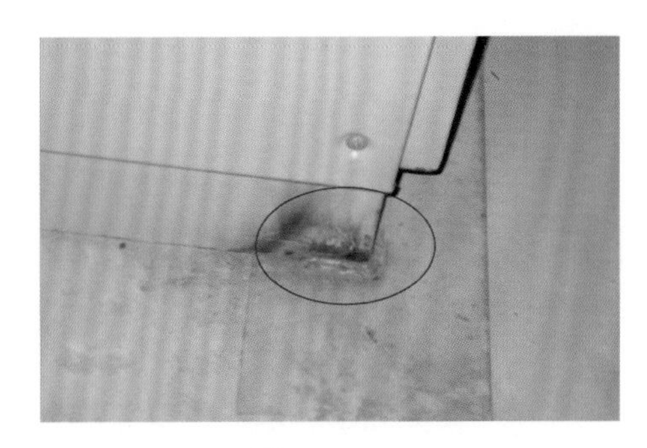

图 5-2-3-3c

5.2.4 配电盘安装

5.2.4.1 盘面检查

缺陷分析 配电盘面剐蹭、有划痕。

图 5-2-4-1

参考标准《国家电网公司输变电工程标准工艺（三）工艺标准库（2012 年版）》（0102020201）施工要点规定：（2）配电盘（开关柜）安装前，检查外观漆面应无明显剐蹭痕迹。

防治措施 加强监理设备开箱检查工作，加强安装过程中的成品保护。

5.2.4.2 盘面未采用螺栓固定

缺陷分析 控制屏固定不规范，未采用螺栓固定。

参考标准《国家电网公司输变电工程标准工艺（三）工艺标准库（2012 年版）》（0102020201）工艺标准要求：（2）盘、柜体底座与基础槽钢连接牢固，接地良好，可开启柜门用软铜导

图 5-2-4-2

线可靠接地。

《国家电网公司输变电工程质量通病防治工作要求及技术措施》第四十四条　屏、柜安装质量通病防治的施工措施：1. 屏、柜安装要牢固可靠，主控制屏、继电保护屏和自动装置屏等应采用螺栓固定，不得与基础型钢焊死。

防治措施 严格按照标准工艺和质量通病防治工作要求进行施工。

5.2.4.3 盘面固定时相邻盘面偏差超标

缺陷分析 控制保护屏柜盘面差过大。

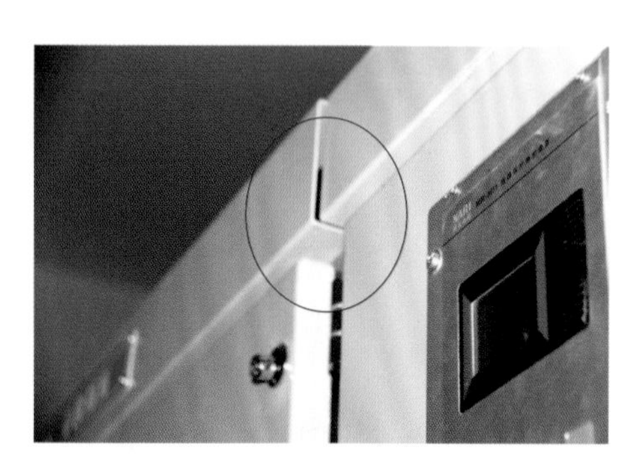

图 5-2-4-3a

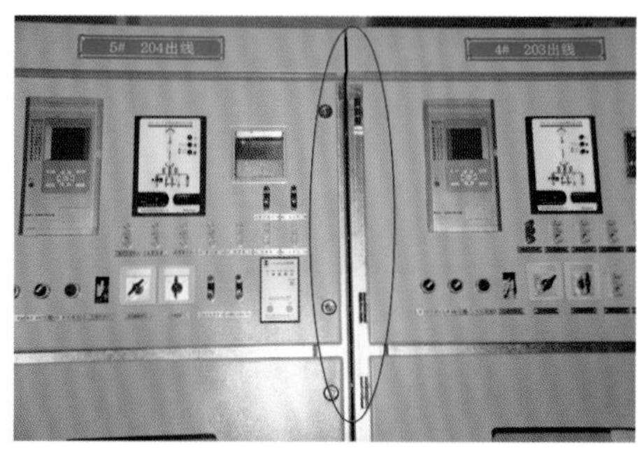

图 5-2-4-3b

参考标准《国家电网公司输变电工程标准工艺（三）工艺标准库（2012年版）》（0102040101）工艺标准要求：（5）屏、柜体垂直度误差<1.5mm/m，相邻两柜顶部水平度误差<2mm，成列柜顶部水平度误差<5mm；相邻两柜盘面误差<1mm，成列柜面盘面误差<5mm，盘间接缝误差<2mm。

防治措施 加强安装工程中的工艺控制。

5.2.5 母线安装

缺陷分析 10kV母线桥箱未做软连接。

参考标准 GB 50149—2010《电气装置安装工程母线装置施工及验收规程》3.6.6中规定金属封闭母线的外壳及支持结构的金属部分应可靠接地。

图 5-2-5a

图 5-2-5b

防治措施 按照规程要求，做好母线桥箱软连接接地。

5.2.6　二次回路检查接线

5.2.6.1　二次回路接地

缺陷分析 多根接地线压在一个接线端子上，超过规范要求。

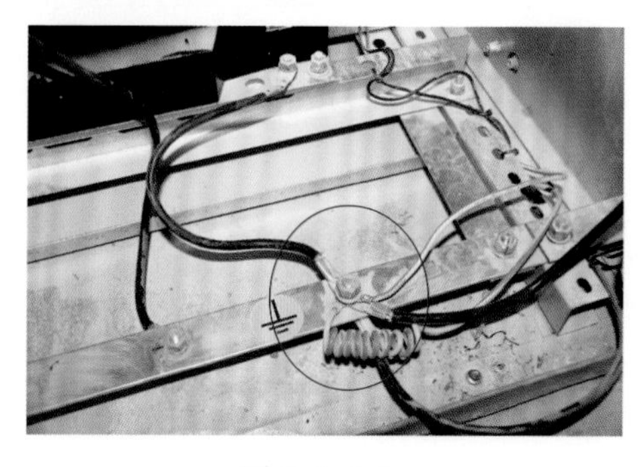

图 5-2-6-1a

图 5-2-6-1b

参考标准《国家电网公司输变电工程标准工艺（三）工艺标准库（2012年版）》（0102040104）施工要点规定：（10）每个接地螺栓上所接引的屏蔽接地线鼻子不得超过两根。

防治措施 二次接线施工前做好布线策划，在安全技术交底时要求按规程和创优要求进行施工，并在施工时加强巡视检查。

5.2.6.2 芯线接头

缺陷分析 芯线弯圈方向为逆时针方向，与螺栓紧固方向不一致。

参考标准《国家电网公司输变电工程标准工艺（三）工艺标准库（2012年版）》（0102040104）施工要点规定：（4）宜先进行二次配线，后进行接线。对于螺栓连接端子，需将剥除护套的芯线弯圈，弯圈的方向为顺时针，弯圈的大小与螺栓的大小相符，不宜过大，当接两根导线时，中间应加平垫片。

防治措施 按标准工艺要求施工，并在施工时加强巡视检查。

图 5-2-6-2a

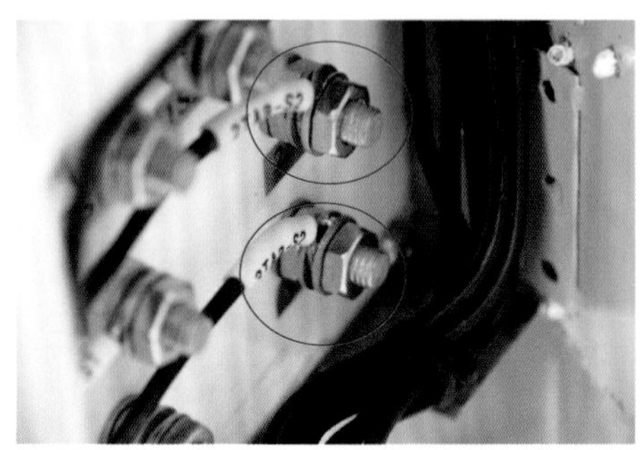

图 5-2-6-2b

第6章

电抗器安装

6.1 电 抗 器 接 地

缺陷分析 电抗器底座未直接接地。

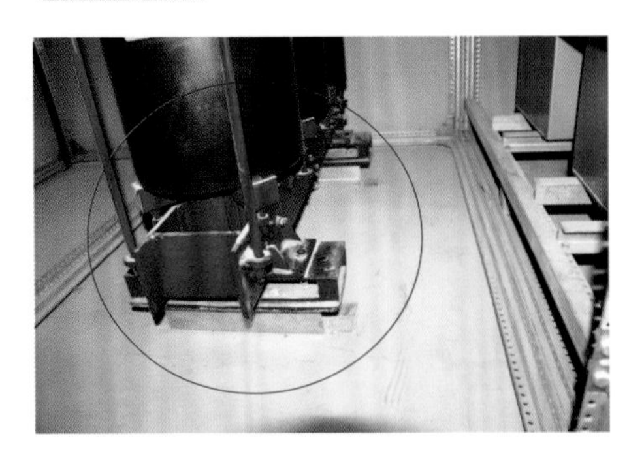

图 6-1

参考标准 GB 50169—2006《电气装置安装工程接地装置施工及验收规范》3.1.1 电气装置的下列金属部分，均应接地或接零：1. 电机、变压器、电抗器、携带式或移动式用电器具等的金属底座和外壳。

防治措施 按照规范要求，做好设备及底座接地。

6.2 电抗器网门接地

缺陷分析 电抗器网门未跨接连接接地。

参考标准 GB 50169—2006《电气装置安装工程接地装置施工及验收规范》3.3.15 高压配电间隔和静止补偿装置的栅栏门铰链处应用软铜线连接，以保证良好接地。

防治措施 按照规范要求，做好高压配电间隔和静止补偿装置的栅栏门铰链处的软铜线连接，确保良好接地。

图 6-2

第 7 章

全站电缆施工

7.1 电缆管配制及敷设

7.1.1 电缆管口处理

缺陷分析 电缆管切割后，管口未进行钝化处理。

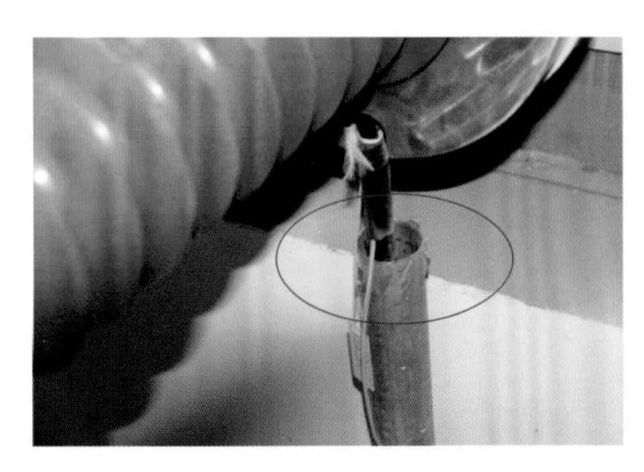

图 7-1-1a

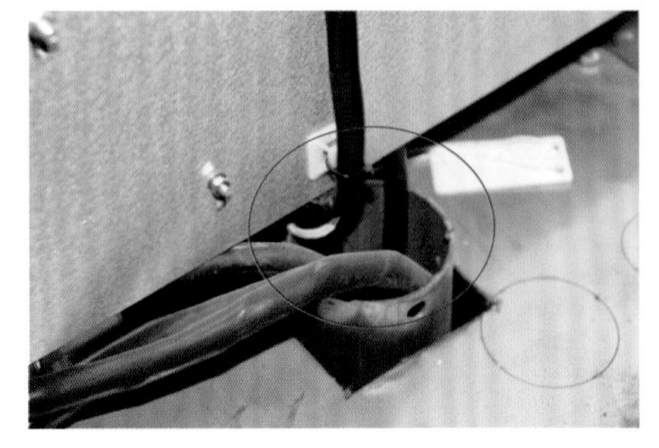

图 7-1-1b

图 7-1-1c

参考标准《国家电网公司输变电工程质量通病防治工作要求及技术措施》第四十六条 电缆敷设、接线与防火封堵质量通病防治施工措施：1. 电缆管切割后，管口必须进行钝化处理，以防损伤电缆，也可在管口上加装软塑料套。

防治措施 监理审查施工作业指导书时即要求按质量通病防治措施写电缆管施工标准，电缆管切割后，管口必须进行钝化处理，明确作业工艺。施工中加强验收管理。

7.1.2 电缆管焊接

缺陷分析 电缆管对焊。

参考标准《国家电网公司输变电工程标准工艺（三）工艺标准库（2012年

版）》（0102050101）施工要点规定：（3）1）金属电缆管不宜直接对焊，宜采用套管焊接方式，连接时两管口应对准、连接牢固、密封良好，套接的短套管或带螺纹的管接头的长度不应小于电缆管外径的2.2倍，两端应封焊。

防治措施 按照标准工艺施工。

图 7-1-2

7.2　电缆架制作及安装

7.2.1 电容器电缆支架

缺陷分析 电容器电缆支架螺栓长短不一。

参考标准《国家电网公司输变电优质工程评定管理办法》附件10.2：110（66）kV新建变电站达标投产和优质工程标准评分表—工程质量管理及工艺 4.0.1 设备安装评分标准：设备安装无缺件，螺栓安装齐全、紧固，螺栓出扣长短一致（2～3扣）。

图 7-2-1

防治措施 落实优质工程评定管理办法要求，做到设备安装中的连接螺栓露扣长度宜露出螺母2~3扣。

7.2.2　电缆井门接地

缺陷分析 电缆井门未做接地软连接。

图 7-2-2a

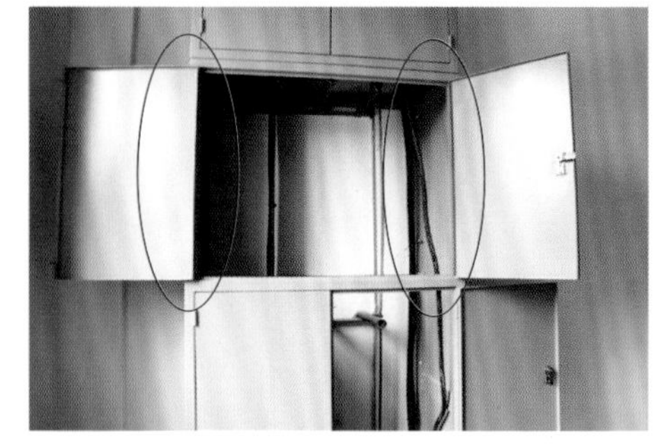

图 7-2-2b

参考标准 《国家电网公司输变电工程质量通病防治工作要求及技术措施》第四十四条　屏、柜安装质量通病防治的施工措施：3. 配电、控制、保护用的屏（柜、箱）及操作台等的金属框架和底座应接地或接零。

防治措施 落实质量通病防治措施，做好电缆井门软连接接地。

7.3 电　缆　敷　设

7.3.1　户内电缆布线不整齐

缺陷分析 电缆布线不整齐，沟道处凌乱，不规则，电缆与地面直接接触。弯度不一致，交叉；电缆的防火线布置的不合理，没有逐层布置，达不到阻燃作用。

图 7-3-1a

图 7-3-1b

参考标准 GB 50168—2006《电气装置安装工程电缆线路施工及验收规范》5.1.18　电缆敷设时应排列整齐，不宜交叉，加以固定，并及时装设标志牌。

4.2.3　电缆支架最上层及最下层至沟顶、地面的距离，当设计无规定时，不宜小于表4.2.3的数值，最下层至沟底或地面：电缆隧道及夹层（100 ~ 150）mm；电缆沟（50 ~ 100）mm。

表4.2.3　电缆支架最上层及最下层至沟顶、楼板或沟底、地面的距离（mm）

敷设方式	电缆隧道及夹层	电缆沟	吊架	桥架
最上层至沟顶或楼板	300~350	150~200	150~200	350~450
最下层至沟底或地面	100~150	50~100	—	100~150

防治措施 加强电缆布线的整体施工设计。

7.3.2　电缆竖井中未设置小品种电缆槽盒

缺陷分析 电缆竖井中未设置小品种电缆槽盒。

参考标准《国家电网公司输变电工程质量通病防治工作要求及技术措施》第四十五条　电缆敷设、接线与防火封堵质量通病防治的设计措施：9. 在电缆竖井中及防静电地板下应设计电缆槽盒，专门布置电源线、网络连线、视频线、电话线、数据线等不易敷设整齐的缆线。

防治措施 落实质量通病防治措施要求，做好电缆竖井中及防静电地板下电缆槽盒设置，并整齐布线。

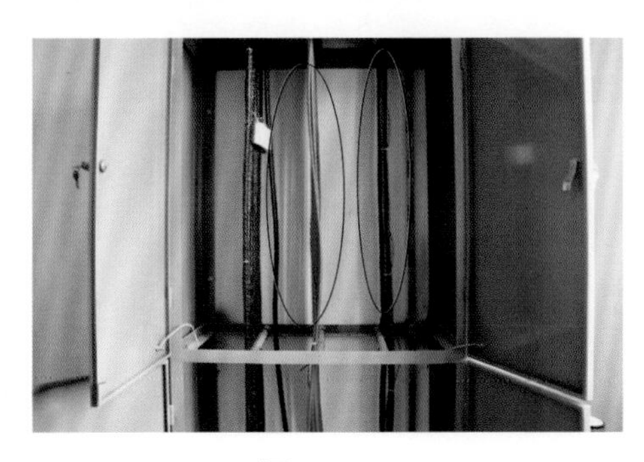

图 7-3-2a

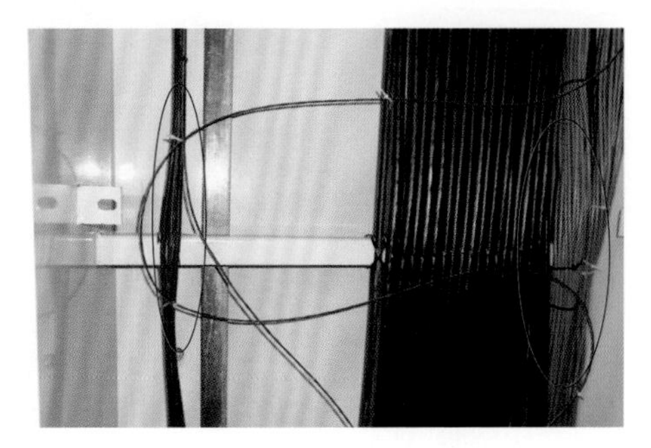

图 7-3-2b

7.3.3　电缆未刷防火涂料

缺陷分析 电缆未刷防火涂料。

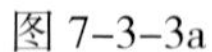

图 7-3-3a

图 7-3-3b

参考标准《国家电网公司输变电工程标准工艺（三）工艺标准库（2012年版）》（0102050501）工艺标准要求：（5）阻火墙两侧不小于1m范围内电缆应涂刷防火涂料，厚度为（1±0.1)mm。

防治措施 按照标准工艺要求施工，加强电缆竖井内电缆防火涂料涂刷。

7.3.4　电缆防火未封堵

缺陷分析 控制屏电缆孔未封堵。

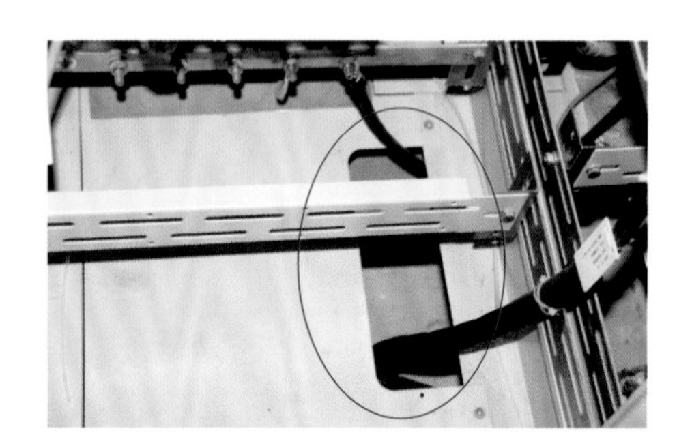

图 7-3-4

参考标准《国家电网公司输变电工程标准工艺（三）工艺标准库（2012年版）》（0102050503）工艺标准要求：（1）盘柜底部以厚度为10mm防火板封隔，隔板安装平整牢固，安装中造成的工艺缺口、缝隙使用有机堵料密实地嵌于孔隙中，并作线脚，线脚厚度不小于10mm，宽度不小于20mm，电缆周围的有机堵料的宽度不小于40mm，呈几何图形，面层平整。

防治措施 加强控制屏底部电缆孔封堵及检查。

7.3.5　电缆管封堵

缺陷分析 电缆管防火泥脱落。

图 7–3–5

参考标准《国家电网公司输变电工程标准工艺（三）工艺标准库（2012年版）》（0102050503）工艺标准要求：（1）盘柜底部以厚度为10mm防火板封隔，隔板安装平整牢固，安装中造成的工艺缺口、缝隙使用有机堵料密实地嵌于孔隙中，并作线脚，线脚厚度不小于10mm，宽度不小于20mm，电缆周围的有机堵料的宽度不小于40mm，呈几何图形，面层平整。

防治措施 加强防火堵料的材料质量及封堵工艺检查。

7.4　电缆制作安装及防火与阻燃

7.4.1　电缆头处理

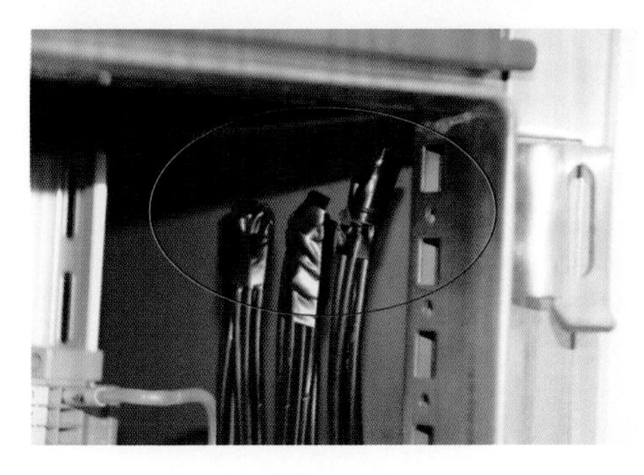

图 7–4–1

缺陷分析 控制箱内备用电缆头处理不规范。

参考标准《国家电网公司输变电工程标准工艺（三）工艺标准库（2012年版）》（0102040104）施工要点规定：（6）备用芯应满足端子排最远端子接线要求，应套标有电缆编号的号码管，且线芯不得裸露。

防治措施 应采用热塑封头，按标准工艺要求施工。

7.4.2 三芯电缆的电缆终端接地

缺陷分析 三芯电缆的电缆终端金属护层未直接与变电站接地装置连接。

参考标准 GB 50169—2006《电气装置安装工程接地装置施工及验收规范》3.9.4 110kV以下三芯电缆的电缆终端金属护层应直接与变电站接地装置连接。

防治措施 按照规范要求，做好电缆终端金属护层与变电站接地装置直接连接。

图 7-4-2a

图 7-4-2b

图 7-4-2c

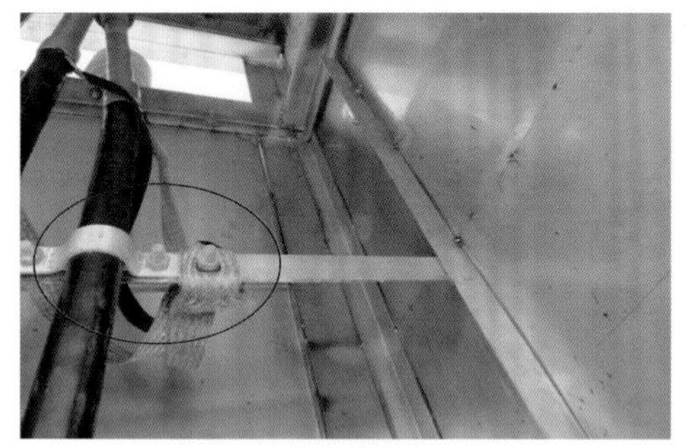

图 7-4-2d

7.4.3 电缆防火与阻燃

缺陷分析 电缆井底部孔洞未封堵。

参考标准《国家电网公司输变电工程标准工艺（三）工艺标准库（2012年版）》（0102050503）工艺标准要求：（1）盘柜底部以厚度为10mm防火板封隔，隔板安装平整牢固，安装中造成的工艺缺口、缝隙使用有机堵料密实地嵌于孔隙中，并作线脚，线脚厚度不小于10mm，宽度不小于20mm，电缆周围的有机堵料的宽度不小于40mm，呈几何图形，面层平整。

防治措施 加强电缆井底部孔洞封堵检查。

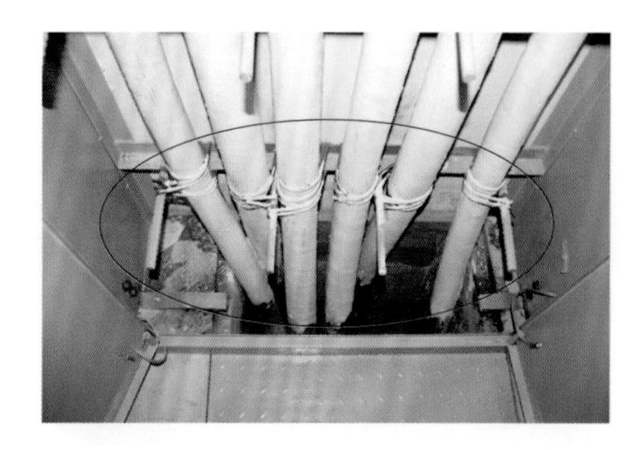

图 7–4–3

7.4.4　端子排接线

缺陷分析 汇控柜内端子排短接线漏铜过长。

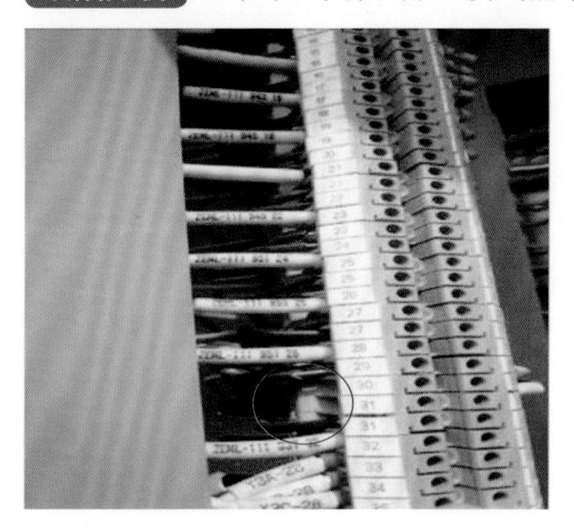

图 7–4–4

参考标准 GB 50171—2012《电气装置安装工程盘、柜及二次回路结线施工及验收规范》6.0.4中引入盘、柜内的电缆及其芯线应符合下列要求：5．橡胶绝缘的芯线应应外套绝缘管保护。

《国家电网公司输变电工程标准工艺（三）工艺标准库（2012年版）》（0102040104）施工要点规定：（4）插入的电缆芯剥线长度适中，铜线不外漏。

防治措施 ①加强厂家人员配线工艺交底。②狠抓二次交接验收。③接线人、验收人挂牌，明确责任，质量追溯。

7.4.5　电缆防火与阻燃

缺陷分析 动力电缆和控制电缆混放。

参考标准 DL 5027—2015《电力设备典型消防规程》中10.5.12　施工中动力

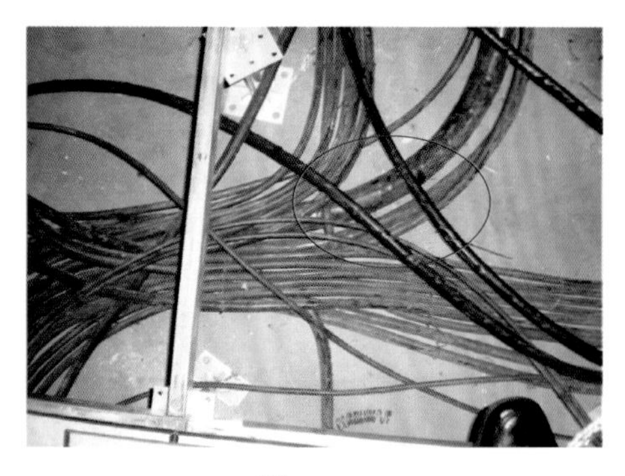
图 7-4-5

电缆和控制电缆不应混放，分布不均及堆积乱放。在动力电缆与控制电缆之间，应设置层间耐火隔板。

防治措施 ①加强施工图设计审核，严格依据消防规程进行施工图设计。②对易受外部影响着火的电缆密集场所或可能着火蔓延而酿成严重事故的电缆线路，必须按设计要求的防火阻燃措施施工。

第8章

全站防雷接地装置安装

8.1 避雷针及引下线安装

8.1.1 避雷针及引下线安装

8.1.1.1 避雷针安装不垂直

缺陷分析 避雷针安装不垂直。

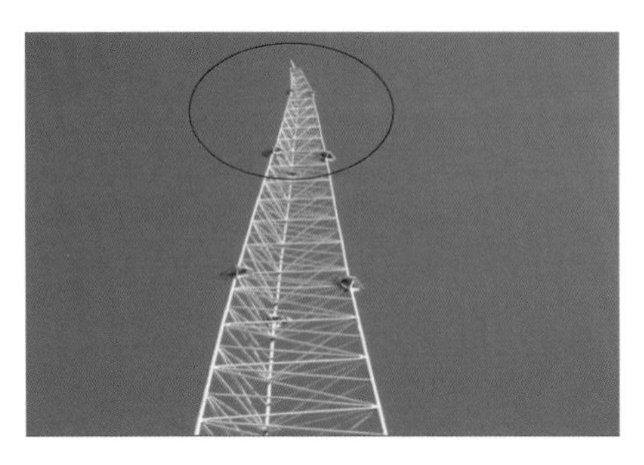

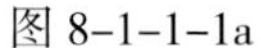

图 8-1-1-1a

图 8-1-1-1b

参考标准《国家电网公司输变电工程标准工艺（三）工艺标准库（2012年版）》（0101020107）工艺标准要求：（3）单节构件弯曲矢高偏差控制在L/1500以内，且≤5mm，单个构件长度偏差≤3mm。

防治措施 加强避雷针加工工艺，控制结构尺寸误差。

8.1.1.2 插入式避雷针未进行跨接

缺陷分析 插入式避雷针未进行跨接。

参考标准《国家电网公司输变电工程标准工艺（三）工艺标准库（2012年版）》（0101020107）施工要点规定：（8）节与节之间连接可靠，接地连接和跨接应满足要求。（9）采用插入式安装时，应进行跨接。

防治措施 落实标准工艺要求，针对插入式安装的独立避雷针施工，督促做好跨接接地。

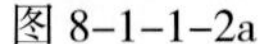
图 8–1–1–2a

图 8–1–1–2b

8.1.1.3　避雷针上有通信线

缺陷分析 利用避雷针作为通信线的支柱。

参考标准《国家电网公司十八项电网重大反事故措施》14.2.5　严禁利用避雷针、变电站构架和带避雷线的杆塔作为低压线、通信线、广播线、电视天线的支柱。

防治措施 加强设计送电和变电专业间的沟通，图纸会审中提出加设绝缘要求。

图 8–1–1–3

8.1.2　避雷针接地

8.1.2.1　接地方式

缺陷分析 避雷针接地焊死，未留测量断点。

参考标准 GB 50169—2006《电气装置安装工程接地装置施工及验收规范》3.5.1　避雷针（线、带、网）的接地除应符合规定外，尚应遵守下列规定：1. 避雷针（带）与引下线之间的连接应采用焊接或热剂焊（放热焊接）。2. 避雷针（带）的引下线及接地装置使用的紧固件均应使用镀锌制品。当采用没有镀锌的地脚螺栓时应采取防腐措施。

图 8-1-2-1a

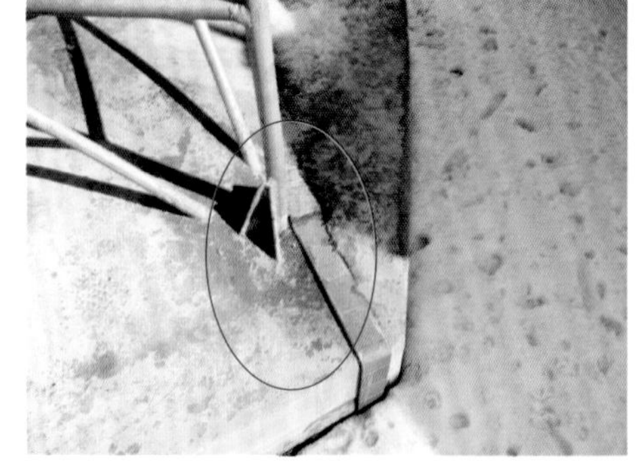

图 8-1-2-1b

图 8-1-2-1c

图 8-1-2-1d

《国家电网公司输变电工程标准工艺（三）工艺标准库（2012年版）》（0102060101）工艺标准要求：（1）接地引线与避雷针本体应采用螺栓连接，以便于测量接地阻抗。（2）至少两点与集中接地装置相连。（3）接地体连接可靠，工艺美观。

因以上两标准存在严重差异，相关管理部门有明确答复：独立避雷针引下线应采用螺栓连接，不得焊接。

防治措施 按标准工艺施工。

8.1.2.2 接地点数量

缺陷分析 钢管独立避雷针只有一点接地。

参考标准 GB 50169—2006《电气装置安装工程接地装置施工及验收规范》

3.5.1　避雷针（线、带、网）的接地除应符合规定外，尚应遵守下列规定：4　装有避雷针的金属筒体，当其厚度不小于4mm时，可作避雷针的引下线。筒体底部应至少有2处与接地体对称连接。

防治措施　按照规范要求，做好避雷针与接地体2处可靠连接。

图 8-1-2-2

8.2 接地装置安装

8.2.1　户外接地装置安装

8.2.1.1　扩建接地网与原接地网间无多点连接

缺陷分析　扩建接地网与原接地网间无多点连接。

参考标准　GB 50169—2006《电气装置安装工程接地装置施工及验收规范》1.0.7　扩建接地网与原接地网间应为多点连接。

防治措施　严格按规范施工。

图 8-2-1-1a

图 8-2-1-1b

8.2.1.2 用铝导线作为接地线

图 8-2-1-2

缺陷分析 用铝导线作为接地线。

参考标准 GB 50169—2006《电气装置安装工程接地装置施工及验收规范》3.2.5 不得采用铝导体作为接地体或接地线。

防治措施 加强接地材料的检查验收。

8.2.1.3 主变压器散热器围栏门未进行软连接接地

缺陷分析 主变压器散热器围栏门未进行软连接接地。

参考标准 GB 50169—2006《电气装置安装工程接地装置施工及验收规范》3.1.1 电气装置的下列金属部分，均应接地或接零：3. 屋内外配电装置的金属或钢筋混凝土构架以及靠近带电部分的金属遮拦和金属门。

图 8-2-1-3

防治措施 按照规范要求，做好屋内外配电装置靠近带电部分的金属遮拦和金属门接地。

8.2.1.4 保护帽工艺型式采用鸭脖弯，接地扁铁与钢柱之间宜留间隙或加设绝缘材料

缺陷分析 保护帽工艺型式采用鸭脖弯，接地扁铁与钢柱之间未留间隙或加设绝缘材料。

参考标准《国家电网公司输变电工程标准工艺（三）工艺标准库（2012年版）》（0101020302）施工要点规定：（3）接地扁钢煨弯时宜采用冷弯法，防止破坏表面锌层。（4）支架连接要根据接地材料规格确定连接点一般不低于2

点，并且必须做导通试验。（5）支架接地扁铁宜平行于钢支架与接地端子连接，不再做鸭脖弯，否则钢构支架底部垂直接地扁铁与钢柱之间宜留间隙或加设绝缘材料，以便于接地电阻测试。

防治措施 按标准工艺施工。

图 8-2-1-4

8.2.2　户内接地装置安装

8.2.2.1　接地体焊接

缺陷分析 接地体焊接工艺差，焊接面积不够，未在焊痕外100mm内做防腐处理。

图 8-2-2-1a

图 8-2-2-1b

图 8-2-2-1c

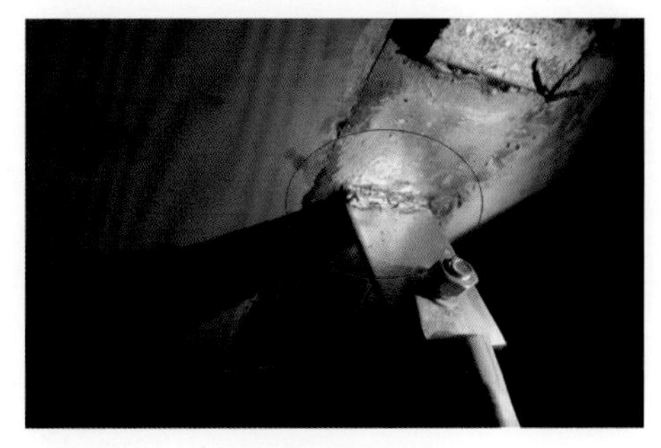

图 8-2-2-1d

图 8-2-2-1e

图 8-2-2-1f

图 8-2-2-1g

图 8-2-2-1h

参考标准 GB 50169—2006《电气装置安装工程接地装置施工及验收规范》3.3.3 热镀锌钢材焊接时将破坏热镀锌防腐，应在焊痕外100mm内做防腐处理。3.4.2 接地体（线）的焊接应采用搭接焊，其搭接长度必须符合下列规定：1. 扁钢为其宽度的二倍（且至少3个棱边焊接）。2. 圆钢为其直径的6倍。

防治措施 严格按照规范施工，加强隐蔽前施工及监理复查。

8.2.2.2 接地体连接方式不应螺丝连接

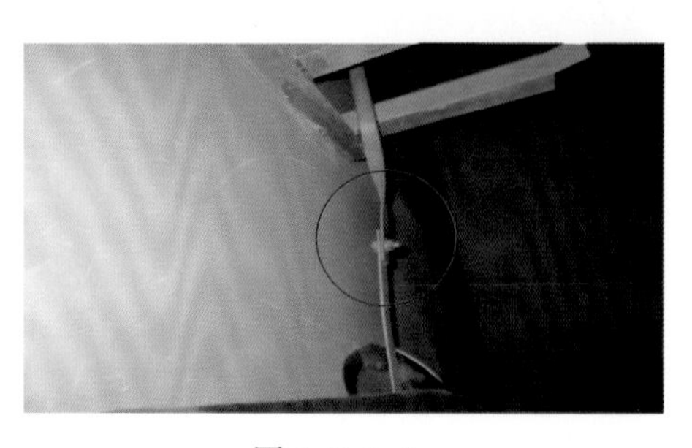

图 8-2-2-2a

缺陷分析 接地体（线）的连接应采用焊接方式，不应螺丝连接。

参考标准 GB 50169—2006《电气装置安装工程接地装置施工及验收规范》3.4.1 接地体（线）的连接应采用焊接，焊接必须牢固无虚焊。

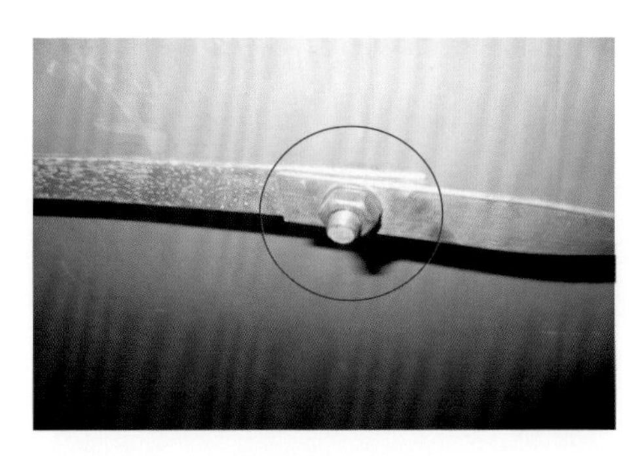

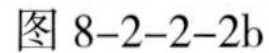

图 8-2-2-2b

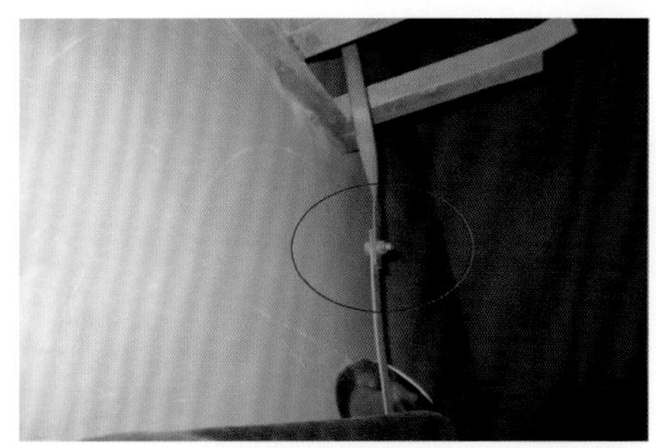

图 8-2-2-2c

防治措施 严格按照规程施工。

8.2.2.3　电容器柜接地未与接地体直接相连

缺陷分析 电容器柜接地未与接地体直接相连。

参考标准 《国家电网公司输变电工程标准工艺（三）工艺标准库（2012年版）》（0102060205）施工要点规定：（1）屏柜（箱）框架和底座接地良好。

防治措施 落实标准工艺要求，做好屏柜（箱）框架和底座良好接地。

图 8-2-2-3

8.2.2.4　接地体螺栓连接

图 8-2-2-4

缺陷分析 接地体螺栓连接处涂漆。

参考标准 GB 50169—2006《电气装置安装工程接地装置施工及验收规范》3.4.1　接地体(线)的连接应采用焊接，焊接必须牢固无虚焊。接至电气设备上的接地线，应用镀锌螺栓连接；有色金属接地线不能采用焊接时，可用螺栓连接、压接、热剂焊（放热焊接）方式连接。用螺栓连接时应设防松螺帽或防松垫片，螺栓连接处接触面应按现行国家标准《电气装置安装工程母线装置施工及验收规范》GBJ 149的规定处理。不同材料接地体间的连接应进行处理。

GB 50149—2010《电气装置安装工程母线装置施工及验收规范》3.1.12 母线在下列各处不应涂刷相色：1. 母线的螺栓连接处及支撑点处、母线与电器的连接处，以及距所有连接处10mm以内的地方。

防治措施 加强接地体连接处的施工和监理复查验收。

8.2.2.5 接地标识色标

缺陷分析 接地黄绿标识间距不符合规范。

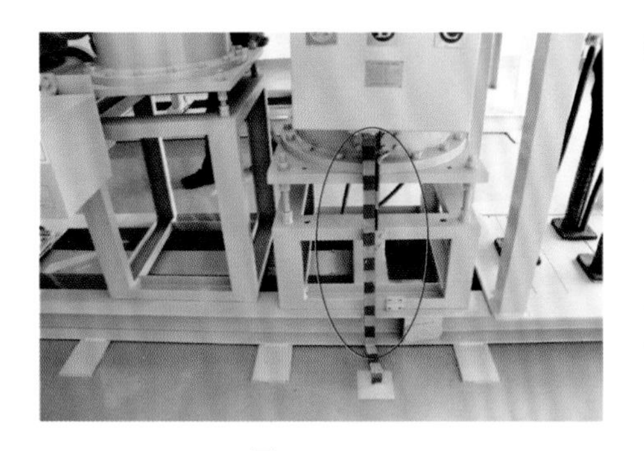

图 8-2-2-5

参考标准《国家电网公司输变电工程质量通病防治工作要求及技术措施》第四十七条 接地装置安装质量通病防治的设计措施：9. 设备接地应有便于测量的断开点，接地黄绿标识应规范，黄绿色标间距宜为接地体宽度的1.5倍。

防治措施 施工过程中按质量通病防治的设计措施要求进行涂刷。

第9章

全站照明电气装置安装

9.1 户外开关站照明安装

缺陷分析 户外照明灯具锈蚀。

图 9-1

参考标准《国家电网公司输变电工程标准工艺（三）工艺标准库（2012年版）》（0101031001）工艺标准要求：（1）灯具及配件齐全，灯具外观需完整、光洁、无锈蚀和明显划痕；防护层牢固，色泽均匀，无色差；内壁及端口无毛刺，结构稳固，不变形。

防治措施 ①加强采购验收管理，进场验收质量检验，比照主设备方式管理。②储存与保管，做好安装需求计划，谨防提前进场，在无防护条件下的长期保管。

9.2 照明接地装置安装

9.2.1 户外照明灯具接地

缺陷分析 户外照明灯具无明显接地及编号。

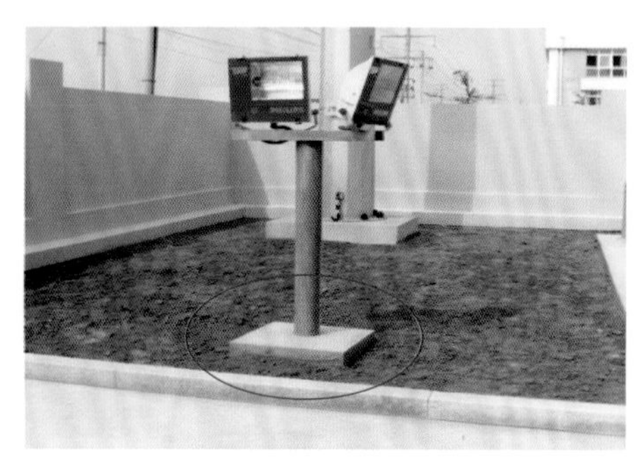
图 9-2-1a

图 9-2-1b

参考标准《国家电网公司输变电工程标准工艺（三）工艺标准库（2012年版）》（0101031101）工艺标准要求：（4）接地应明敷，接地标识漆应采用磁性漆，防止脱落褪色现象，使标识漂亮醒目，黄绿间距一致。

防治措施 ①重点加强照明接地施工技术交底，明确工艺要求。②重视附属工程三级质检验收。

9.2.2 照明接地装置与地面距离

缺陷分析 室外灯座与地面平齐。

参考标准《国家电网公司输变电工程标准工艺（三）工艺标准库（2012年版）》（0101031101）工艺标准要求：（5）室外灯座必须高于地面100~150mm，灯杆明显接地。

防治措施 加强施工图会审时基础标高及尺寸核对，场平标高排水坡度与基础标高要总体考虑。

图 9-2-2

第 10 章

通信系统设备安装

10.1 通信系统屏柜安装

10.1.1 通信屏柜接地

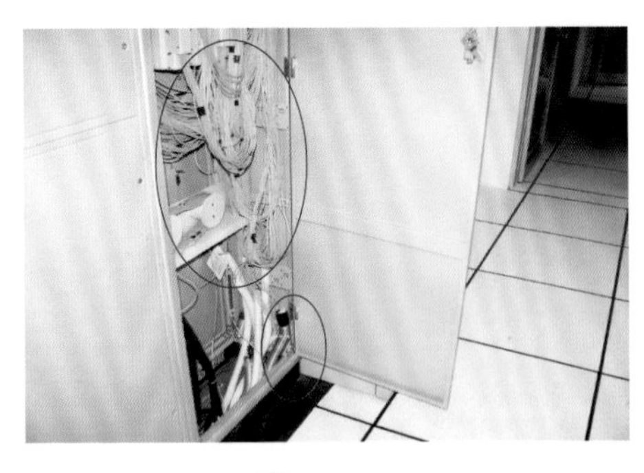

图 10-1-1

缺陷分析 通信屏柜接线混乱，柜门无跨接接地。

参考标准 GB 50169—2006《电气装置安装工程接地装置施工及验收规范》3.1.1 电气装置的下列金属部分，均应接地：4. 配电、控制、保护用的屏（柜、箱）及操作台等的金属框架和底座。

防治措施 加强通信工程的施工工艺交底及检查验收管理。

10.1.2 通信屏柜安装

缺陷分析 盘面和盘间接缝安装间隙过大。

参考标准《国家电网公司输变电工程标准工艺（三）工艺标准库（2012年版）》（0102040101）工艺标准要求：（5）屏、柜体垂直度误差<1.5mm/m，相邻两柜顶部水平度误差<2mm，成列柜顶部水平度误差<5mm；相邻两柜盘面误差<1mm，成列柜面盘面误差<5mm；盘间接缝误差<2mm。

图 10-1-2

防治措施 加强通信工程的施工工艺交底及检查验收管理。

10.1.3　通信屏布线

缺陷分析 通信屏光纤敷设不规范。

参考标准《国家电网公司关于印发基建管理通则等27项通用制度的通知》（国家电网企管2015【221】号）附件10.2　110（66）kV变电站达标投产和优质工程标准评分表–工程质量管理工艺4.14.3条中规定：光纤缆芯走线合理，排列整齐并挂牌。

防治措施 加强通信工程的施工工艺交底及检查验收管理。

图 10–1–3

10.1.4　光缆尾纤敷设与接线

缺陷分析 通信光缆尾纤施工不规范。

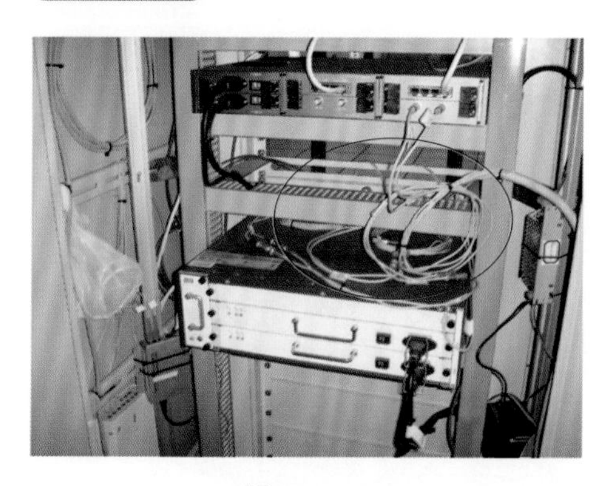

图 10–1–4

参考标准《国家电网公司输变电工程标准工艺（三）工艺标准库（2012年版）》（0102070103）施工要点规定：（4）尾纤接线顺畅自然，多余部分盘放整齐，备用芯加套头保护。

防治措施 ①重点加强通信外委施工队伍的技术交底，明确工艺要求。②加强重视通信工程三级质检验收。

10.2 通信光缆安装

10.2.1 通信光缆护管固定

缺陷分析 线路光缆引下线护管固定不可靠。

图 10-2-1

参考标准《国家电网公司关于印发基建管理通则等27项通用制度的通知》（国家电网企管2015【221】号）附件10.2 110（66）kV变电站达标投产和优质工程标准评分表–工程质量管理工艺4.14.3条中规定：线路光缆引下线固定可靠。

防治措施 加强通信工程的施工工艺交底及检查验收管理。

10.2.2 OPGW 余缆安装

缺陷分析 光缆余缆盘安装不规范。

参考标准《国家电网公司输变电工程标准工艺（三）工艺标准库（2012年版）》（0202011901）工艺标准要求：（1）余缆紧密缠绕在余缆架上。（0202011901）施工要点规定：（1）余缆要按线的自然弯盘入余缆架，将余缆固定在余缆架上，固定点不少于4处，余缆长度总量放至地面后不少于5m的裕度。

图 10-2-2

防治措施 ①重点加强通信外委施工队伍的技术交底，明确工艺要求。②明确送电线路与变电站接口处的管理界面。③重视通信工程三级质检验收。

10.2.3 架构 OPGW 引下线安装

缺陷分析 通信光缆（含余缆缠绕架）沿构架敷设未与构架采取绝缘措施。

参考标准《国家电网公司输变电工程标准工艺（三）工艺标准库（2012年版）》（0102070103）工艺标准要求：（5）架空避雷线应与变电站接地装置相连，并设置便于接地电阻测试的断开点。光缆沿架构敷设应与架构采取绝缘措施，在构架法兰处采取必要防护措施。

图 10-2-3

《国家电网公司输变电工程标准工艺（三）工艺标准库（2012年版）》（0202011702）工艺标准要求：（1）用夹具固定OPGW沿架构引下，控制其走向，OPGW的弯曲半径应不小于40倍光缆直径。（2）夹具安装间距为1.5~2m。（4）采用绝缘夹具要保证OPGW与架构绝缘。（5）终端接续盒安装高度宜为1.5~2m。

《协调统一基建类和生产类标准差异条款》（国家电网科〔2011〕12号）协调方案规定：GB 50169—2006《电气装置安装工程接地装置施工及验收规范》认为OPGW 由于其结构原因难以解除与接地装置的连接无法采取有效的隔离措施的认定是不完全正确的，工程实施中并不难做到，只需将 OPGW 进入变电站构架的地线柱、引下部分及在钢柱上的支架与钢柱采取绝缘措施即可。

防治措施 ①重视通信光缆敷设的设计图纸审核及交底。②明确送电线路与变电站接口处的管理界面。③重点加强通信外委施工队伍的技术交底，明确工艺要求。④加强重视通信工程三级质检验收。